江苏省“十四五”农村水利规划丛书

江苏省智慧大中型灌区平台软件系统实施方案（2021—2023）

JIANGSU SHENG ZHIHUI DAZHONGXING GUANQU PINGTAI RUANJIAN XITONG SHISHI FANG'AN

江苏省水利厅◎编著

河海大学出版社
HOHAI UNIVERSITY PRESS
·南京·

图书在版编目(CIP)数据

江苏省智慧大中型灌区平台软件系统实施方案：2021—2023／江苏省水利厅编著. -- 南京：河海大学出版社，2021.6
（江苏省“十四五”农村水利规划丛书）
ISBN 978-7-5630-7076-3

Ⅰ. ①江… Ⅱ. ①江… Ⅲ. ①灌区－节约用水－应用软件－方案－江苏－2021－2023 Ⅳ. ①S274

中国版本图书馆 CIP 数据核字(2021)第 127589 号

书　　名	江苏省智慧大中型灌区平台软件系统实施方案(2021—2023)
书　　号	ISBN 978-7-5630-7076-3
策划编辑	朱婵玲
责任编辑	彭志诚
责任校对	金　怡
装帧设计	徐娟娟
出版发行	河海大学出版社
地　　址	南京市西康路 1 号(邮编:210098)
电　　话	(025)83737852(总编室)　(025)83722833(营销部)
经　　销	江苏省新华发行集团有限公司
排　　版	南京布克文化发展有限公司
印　　刷	南京工大印务有限公司
开　　本	787 毫米×1092 毫米　1/16
印　　张	6.5
字　　数	120 千字
版　　次	2021 年 6 月第 1 版
印　　次	2021 年 6 月第 1 次印刷
定　　价	42.00 元

《江苏省“十四五”农村水利规划丛书》
编辑委员会

序

江苏地处我国东部，滨江临海，河湖众多，水系发达，是全国唯一拥有大江大河大湖大海的省份。全省平原面积占 68.8％，丘陵山区占 14.3％，河湖水域占 16.9％，素有“水乡”之称。由于河湖众多，治理管理任务重、压力大，又因江、淮、沂、沭、泗诸河约 200 万平方公里客水过境入海，历史上一直是洪、涝、旱、渍、风、暴、潮灾害频发的多灾之邦，水多、水少、水脏、水浑问题一直伴随着江苏水利发展。

新中国成立以来，江苏开展了大规模的农村水利建设，从治理洪水入手，发展到治涝治旱、防渍降渍、节水灌溉、生态修复；从工程水利到资源水利、生态水利、智慧水利，江苏农村水利经历了从传统水利到现代水利的巨大转变。特别是“十三五”以来，江苏认真贯彻“节水优先、空间均衡、系统治理、两手发力”的新时期治水方针，通过实施农田水利基础设施提档升级，推进现代农业提质增效；坚持城乡供水一体化，提升农村居民饮水质量；综合整治农村水环境，启动生态河道建设，打造美丽宜居水美乡村；全面深化改革，激发内生动力，不断提升农村水利可持续发展能力和水平。全省农业抗灾能力、粮食生产能力、农村供水保障能力和水资源利用效率不断提升，为全省高水平全面建成小康社会，为建设美丽江苏、率先实现社会主义现代化走在前列奠定了坚实基础。

“十四五”时期是开启全面建设社会主义现代化国家新征程的第一个五年，也是全面推进乡村振兴战略、加快农业农村现代化的关键五年，对标高质量发展和水利现代化要求，全省各地农村水利发展不平衡不充分的情况依然存在，建设、改革、发展的任务依然繁重而艰巨。为认真贯彻落实习近平总书记对江苏工作的重要指示要求，深入贯彻党中央国务院及省委省政府决策部署，准确把握“强富美高”新江苏建设总体布局，为科学描绘农村水利现代化发展新蓝图，加快推进江苏农村水利高质量发展，更好地服务乡村振兴战略实施，促进农业农村现代化，江苏省水利厅在系统总结“十三五”全省农村水利建设、改革与发展以及深入分析新形势、新要求的基础上，组织编著了《江苏省“十四五”农村水利规划丛书》，形成“521”规划体系，即5个“十四五”发展专项规划、2个灌区建设中长期规划、1个灌区信息化方案，共8个分册：

《江苏省“十四五”大型灌区续建配套与现代化改造规划》

《江苏省“十四五”中型灌区续建配套与节水改造规划》

《江苏省“十四五”农村供水保障规划》

《江苏省“十四五”农村生态河道建设规划》

《江苏省“十四五”水土保持发展规划》

《江苏省大型灌区续建配套与现代化改造规划(2021—2035)》

《江苏省中型灌区续建配套与现代化改造规划(2021—2035)》

《江苏省智慧大中型灌区软件平台系统实施方案(2021—2023)》

上述规划均经江苏省水利厅审议通过，其中供水保障规划是按水利部统一部署编制的，与生态河道规划一道列入省经济社会发展“十四五”规划之136项专项规划体系。

为加快农村水利发展、服务和支撑乡村振兴，推动农村水利工作走向法治化，2020年，经充分调研、广泛协调，制定了全国第一部地方农村水利法规《江苏省农村水利条例》，并于2021年2月1日正式施行，为全省农村水利提供了坚实的法治保障。为落实好条例精神，经江苏省人民政府同意，江苏省水利、发改、财政、农业农村、自然资源、生态环境、住房建设等七个部门联合出台《关于切实加强农村水利建设与管护工作的意见》，其各项目标与建设任务，均由本丛书作支撑。

本丛书结合新形势、新要求、新规定，构建了与现代农业农村相适应，功能齐全、布局合理的工程保障体系，职责明确、服务到位的运行管护体系以及规范有效、务实管用的行业监管体系，不断提升农村水利服务农村经济社会发展和保障民生的能力，可作为“十四五”时期乃至2035年全省农村水利规划设计、工程建设、运行管理、改革发展的重要依据。

在此开启新征程、迈进“十四五”之际，谨以本丛书向中国共产党建党一百周年献礼！

在丛书编写过程中，主要参编单位江苏省水利厅农村水利与水土保持处、江苏省农村水利科技发展中心、江苏省水土保持生态环境监测总站等单位、部门领导及相关专家给予了关心和支持，河海大学出版社朱婵玲老师在丛书布局、质量把关和编撰进度等多方面给予悉心的指导和帮助，在此一并表示诚挚的感谢。

受作者水平所限，书中不妥或错误之处，敬请广大读者谅解并予以指正。

叶健

2021年3月20日

前言

2019年，江苏省水利厅农村水利与水土保持处结合江苏省农村水利现代化建设现状和未来发展，建成了以“灌区管理一张图”为核心的“江苏省智慧大型灌区平台”。2020年，紧紧围绕乡村振兴战略，结合江苏省中型灌区实际情况，将中型灌区纳入灌区标准化管理体系，开展了江苏省智慧大中型灌区平台软件的建设。

结合江苏农村水利发展现状，围绕灌区主要业务板块，江苏省智慧大中型灌区平台软件通过完成中型灌区空间数据收集入库、管理数据收集入库、软件定制开发、平台软件运行维护四项建设任务，实现江苏省水利厅、各市县相关部门及灌区管理单位对34处大型灌区、264处中型灌区标准化、规范化的统一管理。

江苏省智慧大中型灌区平台软件与江苏省智慧水利平台进行了对接和融合，充分利用了江苏智慧水利平台的丰富资源，实现数据的互联互通，也为江苏智慧水利平台补充了全省大中型灌区的信息数据。江苏省智慧大中型灌区平台建设，切实提高了灌区管理工作效率和水平，有效推进了全省大中型灌区管理现代化。

目录

1 基本情况

2 需求分析

3 总体设计

1

基本情况

1.1 自然地理

江苏位于我国大陆东部沿海的中心，地处长江、淮河流域下游，介于东经116°21′～121°56′，北纬30°45′～35°08′，东濒黄海，西连安徽，北接山东，东南与浙江和上海毗邻，南北长440 km，东西宽360 km，国土面积10.72万km^2，耕地面积6 894万亩。

全省地势西北高、东南低。境内平原面积约占68.8%，主要由黄淮平原、江淮平原、滨海平原及长江三角洲平原组成，地面高程大部分在5～10 m，地势最高的微山湖湖西地区，在35 m左右，地势低洼的里下河及太湖水网地区，最低在0 m左右；丘陵山地占14.3%，大多为邻省山脉的延伸部分，集中在北部和西南部，主要有云台山脉、老山山脉、宁镇山脉、茅山山脉、宜溧山脉，高程一般在200 m以下；河湖水域占16.9%，素有“水乡”之称，水面所占比例在全国各省中居首位。

1.2 社会经济

截至2019年底，江苏省设13个省辖市、96个县(市、区)，其中农业县(市、区)75个，全省常住人口8 070万人，城镇人口5 698.23万人，城镇化水平70.61%。全省GDP实现9.96万亿元，人均GDP 12.3万元，居民人均可支配收入41 400元，城镇和农村人均可支配收入比为2.25∶1。全年完成一般公共预算收入8 802.4亿元，三次产业增加值比例为4.3∶44.4∶51.3。

1.3 农业生产

江苏是著名的“鱼米之乡”，农业生产条件得天独厚，农作物、林木、畜禽种类繁多，粮食、油料等农作物几乎遍布全省，种植林果、茶桑、花卉等品种260多个，蔬菜80多个种类、1 000多个品种。2019年，全省农业生产稳中有增，全年粮食总产量达3 700.2万t，比上年增产45.9万t，总产居全国第六位。其中夏粮总产1 356.6

注：1. 本书计算数据或因四舍五入原则，存在微小数值偏差。
2. 本书所使用的市制面积单位“亩”，1亩≈666.7 m^2。

万 t,秋粮总产 2 349.6 万 t。全年粮食作物播种面积 538.1 万公顷,油料种植面积 28.3 万公顷,蔬菜瓜果种植面积 142.4 万公顷。

1.4 水利条件

江苏滨江临海,河湖众多,水网密布,大部分地区水系发达,其中尤其以长江以南的太湖平原和长江以北的里下河平原为大面积的水网密集地带。全省以仪六丘陵、通扬运河至如泰运河一线为界,分为长江、淮河两大流域,其中,长江流域包括长江干流水系和太湖水系,淮河流域包括淮河水系和沂沭泗水系。

沂沭泗水系境内面积 2.54 万 km^2,可分为沂河(新沂河)、沭河(新沭河)、中运河等干河水系,以及南四湖湖西、骆马湖以上中运河两岸、沂北(含沭北)、沂南、废黄河等区域性水系。上游来水由沂河、沭河、邳苍分洪道、中运河等主要河道及南四湖、骆马湖、石梁河水库调蓄后,由新沂河、新沭河排泄入海。

淮河水系境内面积 3.82 万 km^2,可分为洪泽湖周边及以上、白马湖高宝湖、渠北、里下河等区域性水系。淮河上中游来水入洪泽湖,经调蓄主流由淮河入江水道借江归海,其他经淮河入海水道、苏北灌溉总渠、废黄河或相机经淮沭河借道新沂河等排泄入海。里下河区域由射阳河、黄沙港、新洋港、斗龙港、川东港等主要河道独立入海。

长江水系境内面积 1.91 万 km^2,可分为石臼湖固城湖、秦淮河、滁河和江北等区域性水系。长江南岸茅山山脉以东、宜溧山地以北为相对独立的太湖水系。石臼湖固城湖水系,境内有石臼湖、固城湖,由天生桥河连接秦淮河水系,由胥河连接太湖水系;秦淮河水系,上游有句容河、溧水河两源,秦淮河干流至东山又分为秦淮新河和外秦淮河两支分别入江;滁河是长江下游北岸的一条支流,境内有驷马山河、马汊河等分流入江。

太湖水系境内面积 1.94 万 km^2,以太湖为中心,湖西南河水系、洮滆水系等主要向东注入太湖;武澄锡虞、阳澄淀泖、浦南等区域性水系主要经内部河网和望虞河北排入江、太浦河东排黄浦江入海;江南运河穿越腹地。

除了天然河流以外,江苏的人工河道也极为众多。其中京杭大运河纵贯南北达 718 km,全省有 8 个地级市均位于京杭大运河沿线。此外,著名的人工河道还有苏北灌溉总渠、新沂河、通榆河等。江苏也是中国淡水湖泊最为集中的省份之一，这些湖泊不仅是重要的水源地和各种水产品的产地，还具有调蓄洪水、涵养水资源的作用。

根据水系、地形和洪涝特点，全省划分为 17 个水利分区。沂沭泗水系划分为南四湖湖西地区、骆马湖以上中运河两岸地区、沂北地区、沂南地区 4 个分区；废黄河地区为独立排水区；淮河水系划分为洪泽湖周边及以上地区、渠北地区、白马湖高宝湖地区、里下河地区 4 个分区；长江水系分为苏北沿江地区、滁河地区、秦淮河地区、石臼湖固城湖地区 4 个分区；太湖水系分为太湖湖西区、武澄锡虞区、阳澄淀泖区、浦南区 4 个分区。

1.5 灌区概况

2019 年，全省有效灌溉面积 6 308 万亩，占耕地面积的 91%；实际灌溉面积 5 689 万亩，占有效灌溉面积的 90%；旱涝保收田面积 5 796 万亩，占有效灌溉面积的 92%；节水灌溉面积 4 270 万亩，占有效灌溉面积的 68%；高效节水灌溉面积 501 万亩，占节水灌溉面积的 12%。

全省共有大、中型灌区 298 处，其中大型灌区 34 处，涉及 9 个设区市，主要分布在长江、京杭运河、苏北灌溉总渠及淮沭河两岸，总设计灌溉面积 1576.35 万亩；中型灌区 264 处，分布在全省 12 个设区市，总设计灌溉面积 2 858.07 万亩。中型灌区中，重点中型灌区（5 万～30 万亩）179 处，设计灌溉面积 2 632.89 万亩；一般中型灌区（1 万～5 万亩）85 处，设计灌溉面积 225.18 万亩。大中型灌区总设计灌溉面积占耕地的 64.3%，另有小型灌区约5 566 处，设计灌溉面积约 1 503 万亩。

2

需求分析

2.1 项目背景

党的十八大以来，习近平总书记对治水工作作出一系列重要论述，科学指引了水利发展方向，推动开创了治水兴水新局面。江苏水利在“两个一百年”奋斗目标的历史交汇期，深入践行习近平总书记新时期治水方针，全面贯彻党的十九届四中全会关于推进国家治理体系和治理能力现代化的战略部署，按照省委十三届七次全会提出探索开启基本现代化新征程、奋力开拓“强富美高”实践新境界的目标要求，探索开启水利基本现代化新征程，为江苏经济社会高质量发展提供水利支撑和保障。

2019 年，江苏省水利厅农村水利与水土保持处根据《江苏省水利信息化发展“十三五”规划》对农村水利信息化的工作要求，结合江苏省农村水利现代化建设现状和未来发展，以灌区信息化建设“四个一”（一张图、一套表、一组文件、一篇简介）的要求为基础，建成了以“灌区管理一张图”为核心的“江苏省智慧大型灌区平台”。

为了全面落实习近平总书记“三农”思想和“节水优先、空间均衡、系统治理、两手发力”的新时期治水方针，紧紧围绕乡村振兴战略，在已建成“江苏省智慧大型灌区平台”的基础上，开展江苏省智慧大中型灌区平台软件的建设，将大型灌区平台升级到大中型灌区平台，进一步完善以“标准统一、互联互通、广泛共享、深度融合”为特征的“智慧水利”综合体系，实现全省所有大中型灌区管理的标准化和规范化。

2.2 存在问题

江苏省大型灌区信息化建设和管理基础较好，中型灌区基础相对薄弱，且各中型灌区信息化建设也存在着一定差异。

2.2.1 灌区发展不平衡

江苏省智慧大型灌区平台建成于 2019 年 3 月，经过一年多的上线运行，运行状态良好，实现了省、市、县、灌区各级管理单位对大型灌区的信息化管理，相比而言,各中型灌区缺少“标准统一、互联互通、广泛共享、深度融合”的应用平台,各级灌区主管部门、管理单位无法及时掌握灌区发展变化,致使中型灌区和大型灌区的发展差距越来越大。

2.2.2 数据管理不规范

中型灌区主要存在基础数据管理不规范、数据监测管理不完善、数据管理体系不系统,以及数据应用不深入等问题。在基础数据管理方面,江河湖泊、水利工程等水利对象基础数据更新不够;长时间序列数据成果多以文件报告形式存储,数据整理入库率低,游离于结构化、规范化、系统化的管理之外,未能形成完整的业务数据库,数据资源的统一管理缺失。

2.2.3 平台建设不规范

平台建设方面,中型灌区由于各项目投资来源不同、建设管理各异、运行维护分散,普遍存在平台分散化、系统多样化、功能残缺化等问题,无法实现信息资源的有效流动、基础设施的共用共享、业务应用的交互协同,不同程度地造成信息割据和资源浪费,成为灌区信息化工作的薄弱环节。灌区前端的各类雨情、水情和工情等数据,一般是谁建设谁使用,缺乏数据共享机制,阻碍了数据的进一步整合和分析。各类信息存储于多个部门、不同类型的数据库中,数据格式不统一,数据共享程度低,不能融合优化利用,缺乏数据上报汇集的途经。

应用环节方面,信息系统对实际业务工作的支撑不足,部分业务缺乏有效的系统支撑,需线下人工方式开展,自动化程度不高;一些系统由于线上线下工作脱节,导致系统使用不足、应用效果不佳,而渐成“僵尸”;由于职能调整,部分业务流程需要重构,原有系统已难继续支撑。

2.3 发展需求

2.3.1 国家有要求

习近平总书记提出了“节水优先、空间均衡、系统治理、两手发力”新时期治水方针;党的十九大报告提出建设网络强国、数字中国和智慧社会;党的十九届五中全会审议通过的《中共中央关于制定国民经济和社会发展第十四个五年规划和二〇三五年远景目标的建议》，明确了要统筹推进基础设施建设，加快数字化发展；水利部提出了"安全、实用"水利网信发展的总要求，水利部《加快推进智慧水利的指导意见》（水信息〔2019〕220 号）和《智慧水利总体方案》，明确了要加快大中型灌区续建配套与现代化改造，通过信息化建设强化灌区管理流程规范化，促进灌区管理工作成果标准化，带动灌区监督管理智能化，为灌区现代化建设夯实基础，打造大中型灌区业务管理的标准化和规范化。

2.3.2 社会有需求

江苏是全国 15 个粮食主产区之一，粮食安全涉及到国家安全。江苏已连续多年创造粮食总产在 700 亿斤以上，2020 年更是在大疫、大洪等不利条件下，取得 745.8 亿斤的历史最高产量，为全国做出了贡献。粮食丰收，灌区贡献功不可没。

江苏经济总量大、土地开发强度高，人均耕地 0.86 亩，远低于全国的 1.51 亩，耕地占国土面积 43%，可谓寸土寸金，粮食高产十分不易。江苏大型灌区设计灌溉面积 1 576 万亩、中型灌区 2 858 万亩，合计占全省耕地的 64.3%，是全省粮食生产的主战场。经过数年不断建设，灌区的总体水平得到提高，2020 年有效灌溉及旱涝保收面积占比均远高于全国各省水平，农田灌溉水利用系数达 0.616，更是高出全国平均水平近 10 个点。

大中型灌区信息化发展不平衡、不充分是制约高质量发展的突出问题。按照"十四五"灌区建设的总体要求，推进现代化改造是关键。

2.3.3 灌区有需求

运用现代化模式管理灌区，实现对灌区管理信息的智慧展示、智慧感知及智慧监管，是灌区现代化建设的关键。

相对大型灌区，省、市、县各级水利部门对于中型灌区管理相对粗放；各级管理单位、各业务部门对灌区管理采用的传统方式，信息化、现代化程度低，难以实现动态管理；灌区管理单位需要通过信息化建设加强工程管理、配水调度、量水测水、水费计收等业务工作，整合灌区日常管理工作的业务数据以及工作流程，规范管理工程台账信息、巡检信息、监测信息、配水调度信息、水价管理信息、水费计收信息、项目信息等管理数据，促进灌区与灌区之间的交流。

2.4 基本条件

2.4.1 实践有基础

江苏省智慧大型灌区平台已将全省 34 处大型灌区的灌溉渠系、排水沟系、配套建筑物上图，可在一张图中查看各类水利工程信息和监测监控数据信息，实现对大型灌区测流、灌溉、水费征收、工程巡检、基本情况等方面水情、工情及各类分属不同业务的数据整理、归类、分析，为中型灌区标准化、规范化提供了经验。

2.4.2 平台有基础

江苏省智慧大中型灌区平台软件是在江苏省智慧大型灌区平台和江苏省智慧水利云平台的基础上开发建设的。

(1) 江苏省智慧大型灌区平台包括灌区可视化集中展示系统、灌区管理一张图系统、灌区信息采集处理系统、灌区量测水管理系统、灌区水费计收管理系统、灌区工程管理系统、灌区水价改革情况管理系统、灌区项目建设情况管理系统、灌区排涝管理系统和移动智能终端系统等。

(2) 江苏省智慧水利云平台基于水利专网为各级水利用户提供空间信息服务、属性数据服务和业务功能服务。其中，江苏水利专网按照省、市、县 3 级网络架构，以省厅为中心，连接全省 13 个设区市水利(务)局、8 个厅属工程管理处、13 个市水文局，以及县水利(务)局、灌区管理单位，覆盖面较为完整。

2.4.3 灌区有条件

“十三五”期间，江苏完成了 99 个 5 万亩以上的重点中型灌区建设，影响中型灌区运行“卡脖子”问题初步得以解决，灌区工程管理能力、灌排工程配套率、完好率等有了较大提升。各灌区经过多年运行，在输水配水、防洪减灾、水费计收、安全生产等方面具有相适应的管理流程，各灌区管理单位具有了初步的信息化管理经验，信息化管理人员经过一定的培训与练习，可以实现平台软件的正常使用。

3

总体设计

3.1 建设目标

在江苏省智慧大型灌区平台基础上，结合中型灌区业务特点对平台软件进行重构、整合、拓展，实现大中型灌区的标准化、规范化管理，促进大中型灌区的平衡发展。

3.1.1 标准化、规范化的管理

江苏省智慧大中型灌区平台软件的建设是通过将全省中型灌区的空间数据、管理数据的全面接入，使原有智慧大型灌区平台软件扩展中型灌区的信息数据。同时，将平台软件与江苏省智慧水利平台全面融合，既能充分利用江苏省智慧水利平台的丰富资源，实现数据的互联互通，也能为江苏省智慧水利平台丰富全省中型灌区的信息数据。

江苏省智慧大中型灌区平台软件的建设，在原有功能的基础上，接入的空间数据和管理数据，采用统一维护管理、统一数据格式、统一相关标准、统一数据接口、统一传输模式等管理模式，打破数据之间的壁垒，增加数据的共享程度，实现全省大中型灌区的资源整合、统一管理。

3.1.2 灌区管理的智能应用

以业务管理为核心、管理数据为主线、智慧大型灌区管理平台为基础，搭建长序列、系统的基础数据体系和数据监测体系，为市县及灌区管理单位提供高效实用的中型灌区信息管理工具，实现全省大中型灌区业务范围内数据管理的全覆盖，为灌区管理业务提供有效的系统支撑。同时，开展典型灌区的个性化管理软件定制研发，满足管理业务差异或职能调整导致的业务需要。

3.1.3 学习交流平台

以灌区实际需求为基础，通过信息化手段，全面展示灌区建设面貌、人文景观，逐层逐级地展示灌区管理情况，为灌区水文化、水历史、水景观的管理提供丰富的技术手段，为灌区间的学习与交流提供相应的平台。

3.2 建设任务

3.2.1 中型灌区空间数据收集入库

按照原始地图收集及处理、地图矢量化、地图服务发布、GIS系统联调四大工作流程，将264处中型灌区的空间数据进行标准化、规范化。

3.2.2 中型灌区管理数据收集入库

将264处中型灌区的管理数据接入“江苏省智慧大中型灌区平台”，通过一张图管理系统，以二、三维电子地图为媒介，展示中型灌区的灌区概况、项目情况、水价管理情况、灌溉面积情况、工程管理情况等信息，实现全省中型灌区的工程上图、属性入库。

3.2.3 中型灌区管理软件定制开发

以明确灌区管理需求为前提，根据全省中型灌区的实际情况，选取管理方式上有代表性的典型灌区，定制满足中型灌区管理需求的实用软件，开展个性化功能开发。

3.2.4 中型灌区管理软件运行维护

包括空间数据、管理数据，以及系统运行状态检测、系统使用答疑、系统数据备份、系统问题响应、系统发布实施、系统权限配置、系统培训等内容，确保平台软件高效、可靠。

3.3 设计原则

1) 需求主导性

针对省、市、县、灌区四级管理部门对中型灌区管理的需要，设计建设符合用户实际需求的平台软件。

2）资源共享性

充分利用智慧大型灌区平台的建设成果及智慧水利云平台的信息资源，在保证原系统数据、设备等安全的情况下，利用可用的现有资源，避免重复建设。

3）实用与先进性

充分利用成熟、先进的技术，满足各级用户业务管理需要，操作直观、简便。

4）开放与拓展性

系统设计与开发遵守国家相关标准，并具有较强的开放性和可拓展性，能够与其他江苏水利信息数据互联、互操作，提供规范化的二次开放框架。

5）方便易用性

系统操作简单、易用、直观，操作界面友好，具备灵活方便的展示功能，可以通过丰富的形式展示实时数据、历史数据及趋势，方便对动态图形、报表进行定义和修改，满足不同管理需求，支持个性化用户登录界面，根据不同用户的职能授权操作。

6）安全可靠性

信息安全和网络安全满足国家网络安全的相关要求，打造安全可靠的基础软硬件环境。

3.4 设计依据

(1)《江苏省农村水利现代化建设标准(试行)》

(2)《加快推进智慧水利的指导意见》(水信息〔2019〕220 号)

(3)《智慧水利总体方案》

(4)《水利部关于加快推进水利工程管理与保护范围划定工作的通知》(水运管〔2018〕339 号)

(5)《关于印发深化农业水价综合改革试点方案的通知》(发改价格〔2014〕2271 号)

(6)《江苏省水利厅省自然资源厅关于开展新一轮河湖和水利工程管理范围划定工作的通知》(苏水河湖〔2020〕10 号)

(7)《水利信息系统初步设计报告编制规定(试行)》(SL/Z 332—2005)

(8)《灌溉渠道系统量水规范》(GB/T 21303—2017)

(9)《江苏省水文自动测报系统数据传输规约》(DB32/T 2197—2012)

(10)《水利对象分类与编码总则》(SL/T 213—2020)

3.5 设计思路

3.5.1 利用资源

充分利用江苏省智慧大型灌区平台的建设成果,以及江苏省水利云中心提供的软硬件资源,包括网络资源、服务器资源、软件资源(操作系统、数据库、中间件、公共服务接口),开展江苏省智慧大中型灌区平台软件建设,并在水利云中心进行部署。

3.5.2 总体规划

江苏省智慧大中型灌区平台软件建设以灌区业务管理为主,兼顾市县水利局灌区业务管理,重点梳理灌区各项业务,优化业务管理流程,整合灌区关键业务数据,提高灌区管理效率和管理水平。

建立实用、可扩展的灌区业务管理标准框架,提供规范化的二次开放框架,降低后续项目开发难度、缩短开发周期、节约开发成本,且保证多期项目建设的软件成果平台统一,风格一致。

3.5.3 有序推进

按照空间数据、管理数据收集入库,全面推广灌区管理标准功能,典型灌区管理软件定制三步走的顺序,有序进行项目建设。

3.6 总体框架

江苏省智慧大中型灌区平台采用“1-2-3-4”的总体架构进行整体建设,即:统一平台、两类应用、三化管理、四级用户,如图 3-1 所示。

3.6.1 统一平台

江苏省智慧大中型灌区平台包括灌区管理一张图系统、灌区管理可视化集中

图 3-1 江苏省智慧大中型灌区平台总体架构图

展示系统、灌区业务管理系统、灌区管理移动智能终端系统等四大子系统。通过统一部署、统一整合、统一培训和统一运维实现平台的统一管理。

统一部署。采用集中部署的方式，省、市、县水利主管部门和灌区管理单位通过电脑的浏览器和手机 App 即可访问平台业务应用。

统一整合。对硬件整合，打造标准数据交换系统，规范各项自动化设备的数据整合；对软件整合，打造标准二次开发接口，规范各灌区自建软件系统的整合。

统一培训。对各级用户进行制度化、常态化的培训，统一培训工作大纲、培训材料、操作手册。

统一运维。搭建服务于灌区的运维监控平台，对整个平台的服务器安全、系统数据、软件系统的应用等实行统一运维管理。

3.6.2 两类应用

电脑平台和手机平台，采用成熟软件的界面设计风格，降低用户陌生感：电脑平台采用 Windows 操作系统的设计风格；手机平台采用微信的设计风格，含监测监控、通讯录、发现、我等四大功能版块。

3.6.3 三化管理

即工作流程规范化、工作成果标准化、监督管理智能化。

工作流程规范化包括项目管理规范化、工程管理规范化、量水管理规范化和水费管理规范化。

工作成果标准化包括指标信息标准化、台账信息标准化和实时信息标准化。

监督管理智能化包括地图管理综合化、数据分析可视化和业务管理移动化。

3.6.4 四级用户

平台按省、市、县、灌区四级模式进行用户管理,用户权限分为功能权限和行政权限。

功能权限:根据省、市、县、灌区不同人员工作的关注内容不同,可分配给用户不同的功能权限。

行政权限:省、市、县、灌区各级用户只能使用和查看本级单位、下级单位,以及管理范围内的功能信息。

4

分项设计

4.1 空间数据

空间数据收集入库包括原始地图收集及处理、地图的矢量化、地图服务发布和GIS系统联调等四大工作流程。

4.1.1 原始地图收集处理

(1) 原始地图的收集：原始地图资料是空间数据工程建设的基础，地图的精准程度直接影响后续成果的展示效果。各灌区需要提供CAD、KMZ、KML、Shape、Excel坐标或GPS坐标格式的灌区工程布置图，包括如下信息。

① 水利工程：管理单位、建筑物(水闸、渡槽、泵站等)、渠道、水系、沟道。

② 基础数据：市、县、乡、村、道路、灌区边界。

(2) 确定编号：收集大量的原始地图后，需要按统一编号规则对各地图进行编号。

(3) 归档：地图信息为保密信息，需要有专人进行归档，并严格按照地图归档管理办法进行操作。

(4) 预处理：在专业化图像处理软件中打开原始地图，调用图像处理软件功能对原始地图进行预处理，如图形拼接、降噪、细化、角度调整、色差调整、降低文件存储大小等，以改善原始地图的质量。

(5) 加密处理：原始地图与空间数据工程建设成果具有同等保密级别，需按地图加密办法进行加密处理，并严格控制地图的发放、权限的制定及回收销毁处理等。

4.1.2 地图矢量化

按照大型灌区地图矢量化的标准对所有中型灌区的地图进行矢量化，并发布供灌区一张图等功能调用展示，具体要求如下：

4.1.2.1 工作流程

(1) 配准：将地图进行配准，用以实现地图的坐标统一性。

(2) 建立图层：根据系统要求建设相关图层。

(3) 设置图层属性：对图层文字样式、颜色、显示比例等相关属性进行设置。

(4) 要素绘制：按照栅格地图，在相应图层进行要素绘制。

(5) 连接数据：将绘制的要素录入相关数据，如名称、唯一标识等。

(6) 创建鹰眼：为矢量化地图创建鹰眼地图。

(7) 三维地图建模：根据二维地图进行三维地图建模。

(8) 地图备份：按照地图备份办法进行地图备份，并确定保密级别。

4.1.2.2 存储格式

空间数据采用地理数据库的形式存储管理，数据库格式包括文件地理数据库(.gdb)或个人地理数据库(.mdb)。

4.1.2.3 坐标系

采用2000国家大地坐标系(CGCS2000)。

4.1.2.4 要素图层属性字段

表 4-1 地图图层结构属性表

英文字段名	中文字段名	字段类型	必填项	主键	备注
OBJECTID	编号	OBJECT		是	自动生成
REGION_ID	行政区划编号	文本(36)	是		
NAME	要素名称	文本(100)			
LINK_ID	地图要素编号	文本(36)			对应数据 ID
ANGLE	要素角度	双精度(38,8)			
SHOW_PAGE_PATH	显示页面路径	文本(500)			
DATA_TABLE_NAME	对应数据表名	文本(100)			
PAGE_WIDTH	页面初始宽度	短整型			
PAGE_HEIGHT	页面初始高度	短整型			
RELATION_DATA	关联数据	文本(100)			该工程的关联数据编号
REMARK	备注说明	文本(200)			记录巡检状态
SHAPE	形状	几何			自动生成

表 4-2 监测站点属性表结构

英文字段名	中文字段名	字段类型	必填项	主键	索引	备注
OBJECTID	编号	OBJECT		是		自动生成
REGION_ID	行政区划编号	文本(36)	是			
NAME	测点名称	文本(100)				
LINK_ID	地图要素编号	文本(36)				对应测点编号
ANGLE	要素角度	双精度(38,8)				
MONITOR_TYPE	测点类型	文本(100)				
MONITOR_WAY	监测方式	文本(100)				
DEPT_ID	管理单位	文本(100)				
EQUIP_TYPE	设备类型	文本(100)				
REMARK	备注说明	文本(200)				
SHAPE	形状	几何				自动生成
说明:MONITOR_TYPE 与业务系统中类型相同,配置值为字典表中【KEY】值字段,例 01 为地表水监测点。MONITOR_WAY 同样规则。该属性表通过模块进行维护和修改。						

4.1.2.5 专题图分类

目前定义的专题图根据已知灌区拥有的图层进行重新组织和分类,后续可根据各类项目的实际需求进行增加或完善。

各类专题图需要提供切片文件、地图服务发布文档(按照各类专题图图层顺序组织的文档)、地图内容的范围、切片等级、最大最小分辨率、含要素数据的地理数据库等。

1) 行政区界

表 4-3 行政区界图层信息表

序号	图层组名	图层名	图层类型
1	界限(线)	省界	线型
2		市界	线型
3		县界	线型
4		乡镇界	线型
5		灌区界	线型
6		海岸线	线型

2）行政区面

表 4-4　行政区面图层信息表

序号	图层组名	图层名	图层类型
1	界限（面）	省界	面型
2		市界	面型
3		县界	面型
4		乡镇界	面型
5		灌区界	面型
6		海岸线	面型

3）交通路网

表 4-5　交通路网图层信息表

序号	图层组名	图层名	图层类型
1	行政驻地	市	点型
2		县	点型
3		乡	点型
4		村	点型
5	管理机构	管理单位	点型
6	信息化	信息中心	点型
7	交通网	铁路	线型
8		高速公路	线型
9		国道	线型
10		省干线公路	线型
11		简易公路	线型
12		乡村路	线型
13	水系	单线河	线型
14		双线河	线型
15		湖泊	面型

4）水利工程

表 4-6 水利工程图层信息表

序号	图层组名	图层名	图层类型
1	建筑物	渠首枢纽	点型
2		水闸	点型、线型、面型
3		泵站	点型
4		水电站	点型
5		渡槽	点型、线型
6		隧洞	点型、线型
7		涵洞	点型、线型
8		倒虹吸	点型、线型
9		陡坡	点型
10		跌水	点型
11		沉沙池	点型、面型
12		桥梁	点型、线型
13		溢流堰	点型、面型
14		斗门	点型
15		大坝点型	点型
16		大坝线型	线型
17		大坝面型	面型
18	输水渠系	总干渠	线型
19		干渠	线型
20		分干渠	线型
21		支渠	线型
22		斗渠	线型
23	排水沟系	总干沟	线型
24		干沟	线型
25		分干沟	线型
26		支沟	线型
27		斗沟	线型
28		截流沟	线型

续表

序号	图层组名	图层名	图层类型
29	堤防	一类堤	线型
30		二类堤	线型
31		三类堤	线型
32	水系	单线河	线型
33		双线河	面型
34		湖泊	面型
35		水库点型	点型
36		水库面型	面型

5）要素服务

实施时，需要发布为 FeatureServer，主要为软件处理提供数据，默认不在软件中进行显示。

表 4-7　要素服务图层信息表

序号	图层名	图层类型
1	监测站点	点型
2	巡检信息	线型
3	用水单位地块	面型
4	用水户地块	面型

6）遥感影像

卫星遥感影像图，用于地图服务发布时的背景面层。

4.1.2.6　GDB 要素表说明

表 4-8　GDB 要素表说明

序号	图层组名	图层名	图层名称	图层类型
1	行政驻地	市	C_CITY	点
2		县	C_COUNTY	点
3		乡	C_TOWN	点
4		村	C_VILLAGE	点

续表

序号	图层组名	图层名	图层名称	图层类型
5	管理机构	管理单位	D_MANA_PLACE	点
6	信息化	信息中心	INFO_CENTER	点
7		监测站点	INFO_MONITOR	点
8		巡检信息	INFO_CHECK_INFO	线
9	建筑物	渠首枢纽	E_PIVOT	点
10		水闸	E_SLUICE	点
11		泵站	E_PUMP	点
12		水电站	E_HYDROPLANT	点
13		渡槽	E_FLUME	点
14		渡槽线型	E_FLUME_LINE	线
15		隧洞	E_TUNNEL	点
16		隧洞线型	E_TUNNEL_LINE	线
17		涵洞	E_CULVERT	点
18		倒虹吸	E_SIPHON	点
19		倒虹吸线型	E_SIPHON_LINE	线
20		陡坡	E_SLOPE	点
21		跌水	E_DROP	点
22		沉沙池	E_BASIN	点
23		桥梁	E_BRIDGE	点
24		桥梁线型	E_BRIDGE_LINE	线
25		溢流堰	E_OVERFLOW	点
26		斗门	E_DOUMEN	点
27		大坝点型	E_DAM_POINT	点
28		大坝线型	E_DAM_LINE	线
29		管道	E_CONDUIT	线
30		大坝面型	E_DAM_POLYGON	面

续表

序号	图层组名	图层名	图层名称	图层类型
31	输水渠系	总干渠	CANAL_MAIN	线
32		干渠	CANAL_TRUNK	线
33		分干渠	CANAL_BRANCH	线
34		支渠	CANAL_SMALL_BRANCH	线
35		斗渠	CANAL_HEAD_DITCH	线
36		农渠	CANAL_SMALL	线
37	排水沟系	总干沟	CONDUIT_MAIN	线
38		干沟	CONDUIT_TRUNK	线
39		分干沟	CONDUIT_BRANCH	线
40		支沟	CONDUIT_SMALL_BRANCH	线
41		斗沟	CONDUIT_HEAD_DITCH	线
42		农沟	CONDUIT_SMALL	线
43		截流沟	CONDUIT_INTERCEPTING	线
44	堤防	一类堤	DIKE_ONE	线
45		二类堤	DIKE_TWO	线
46		三类堤	DIKE_THREE	线
47	水系	单线河	RIVER_SINGLE	线
48		双线河	RIVER_DOUBLE	面
49		湖泊	LAKE	面
50		水库点型	RESERVOIR_POINT	点
51		水库面型	RESERVOIR_POLYGON	面
52	交通网	铁路	WAY_RAIL	线
53		高速公路	WAY_EXPRESS	线
54		国道	WAY_NATIONAL	线
55		省干线公路	WAY_PROVINCIAL	线
56		简易公路	ROAD_SIMPLE	线
57		乡村路	ROAD_COUNTRY	线

续表

序号	图层组名	图层名	图层名称	图层类型
58	界限（面）	省界	BOUNDARY_PROVINCIAL	线
59		市界	BOUNDARY_CITY	线
60		县界	BOUNDARY_COUNTY	线
61		乡镇界	BOUNDARY_TOWN	线
62		灌区界	BOUNDARY_IRRIGATE	线
63		海岸线	BOUNDARY_AREA	线
64	灌溉面积	用水单位地块	FARM_LAND_B	面
65		用水户地块	FARM_LAND_U	面
66	面界	行政区面	AREA_BORDER	面
67		背景	BACKGROUND	面

4.1.3 地图服务发布

在省水利云的地图服务建设成果基础上，融合中型灌区的空间数据建设成果，包括灌区的范围、渠系、建筑物等要素，建立灌区一张图地理信息服务，为灌区管理提供支撑。

4.1.4 GIS 系统联调

地图完成矢量化工作之后，要通过专业工具完成与江苏省智慧大型灌区平台相关数据的对接，实现空间数据与管理数据的相互关联，并将地图文件、地图服务、地图数据等空间数据建设成果与管理系统进行联调，将空间数据成果通过管理系统进行综合展现。

4.2 管理数据

江苏省智慧大中型灌区平台软件建设，包括监测数据接入和业务数据接入两大部分，扩大了江苏省水利厅对全省灌区的管理，实现江苏省灌区应用系统的统一平台、统一格式、统一标准、统一接口、统一管理。

4.2.1 监测数据接入

基于标准化、规范化的管理思想，以实现支持多厂家监测设备、大数据量同时上报、保证数据接收及时并稳定入库为目标，以消息中间件、多线程、Socket 监听等软件为手段，建设江苏省中型灌区监测数据接入工程。

4.2.1.1 监测数据接入理念

总结实施过程中遇到的难题及解决方式，分析问题产生的深层原因，从开发技术、设计理念、合作思路等方面进行开创性的改革和创新，提出开放包容、性能高效和标准统一的设计理念。

1. 开放包容：提供标准通讯协议、主流设备、SDK 开发包和集成已有的数据服务接口等多种数据接入方式，满足不同灌区的要求。

2. 性能高效：运行稳定，增强大数据量的高并发处理能力，实现数据的高效处理。

3. 标准统一：遵循国家行业标准，支持标准通讯协议、标准数据库，统一交互方式，实现标准化、规范化的管理模式。

4.2.1.2 监测数据接入技术框架

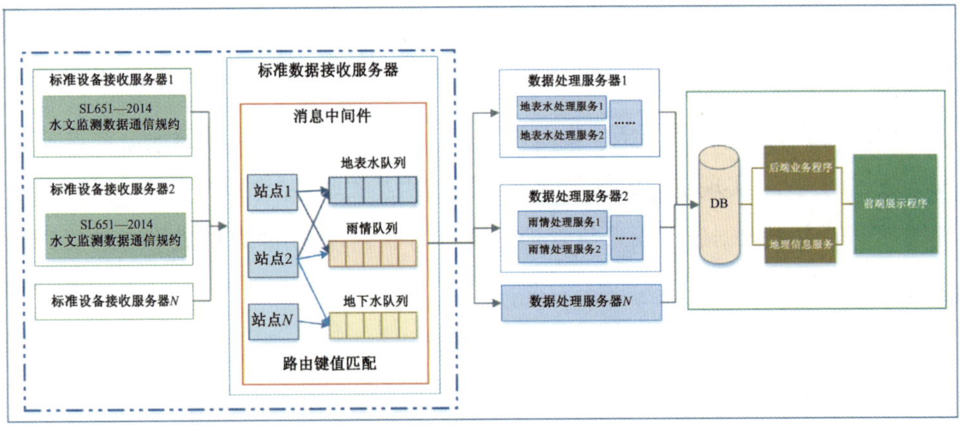

图 4-1 数据交换架构图

为实现大数据接收，保证数据处理效率，同时兼容多种标准协议的设备，采用消息中间件技术，实现数据无关、业务无关。建立消息传送通道，保证数据先到先处理，减少消息堆积，以实现数据高效处理。若当前服务器达到满负荷工作，则增加标准设备接收服务器节点、数据处理服务器节点，提高数据处理效率(如图 4-1

所示）。

4.2.1.3 监测数据接入方式

通过以下四种方式对监测数据进行接入：

（1）实现对行业标准设备的数据整合。针对符合《水文监测数据通信规约》（SL651—2014）、《水资源监测数据传输规约》（SZY206—2016）和《水资源监控管理系统数据传输规约》（SL427—2008）等标准协议的，采用标准协议解析中间件来整合数据。随着技术的不断发展，后续还可采用组件式模式扩展新的国家或行业标准协议。

（2）实现对主流设备厂商的数据解析。采用定制开发的方式整合集成相关厂家的设备协议。

（3）实现已建各系统数据的整合。采用 SDK 开发包技术，研发数据发送服务，将已建系统数据直接发送至消息服务器进行分发处理。

（4）集成已有的数据服务接口。针对已有系统存在数据整合服务或交换系统的情况，直接集成数据服务或数据交换系统。

4.2.1.4 监测数据接入流程

监测数据的接入分为三个流程：

（1）设备上报数据的接收、解析并按约定协议重新组织数据，并发送完成。

（2）实现数据无关、业务无关，建立消息传送通道，保证数据先到先处理，减少消息堆积，以实现数据的高效处理。

（3）根据数据分类来实现运算及业务处理，包括数据验证、数据修正、预警处理等，并将数据保存至业务数据库。

4.2.2 业务数据接入

4.2.2.1 灌区可视化集中展示数据接入

在江苏省智慧大型灌区平台可视化集中展示系统的基础上，增加了全省 264 处中型灌区的相关数据信息，实现整个江苏省大中型灌区信息的集中展示，并可根据省、市、县用户和灌区用户的不同权限进行分级显示。

4.2.2.2 灌区管理一张图管理数据接入

在江苏省智慧大型灌区平台 34 处大型灌区电子地图的矢量化工作基础上，完成 264 处中型灌区的地图矢量化工作，实现全省大中型灌区电子地图的统一管理，综合展示。

江苏省智慧灌区可视化平台是将江苏省所有大中型灌区基础数据,通过数据统计,以图形、图表、概念图等形式进行统一展示,直观形象地分析展示全省灌区概况、水价改革情况、项目情况、用水情况、面积情况、工程运行管理情况等内容。

4.2.2.3　灌区量测水管理数据接入

灌区量测水管理数据接入以水情信息采集数据为基础,实现江苏省 264 处中型灌区水情信息的实时查询、统计分析及水情整编。同时,根据目前中型灌区的量测水现状,结合明渠量水规范,将各种量水方法固化到系统中,用户可以方便快捷、直观有效地对所在灌区范围内的重要渠道、闸门、监测站等水利设施的水量信息进行测量、计量(遥测信息可以自动采集至系统中,人工观测信息可以通过观测人员手机短信或手工输入的方式传输到系统中),系统将根据预先设定的各量水站点的量水方式和参数,选用相应的计算公式,对传输过来的信息进行处理,快速生成相对准确的流量、水量数据,通过曲线拟合的手段推导出适用性较强的水位流量关系曲线,从而根据水位得到流量。通过软件模拟水流方向,查看不同测点的水位及流量,为灌区水资源的合理利用、灌区配水调度、防汛抗旱等工作提供有力的支持。

4.2.2.4　灌区水费计收管理数据接入

灌区水费计收管理系统综合全省各地多个灌区的具体业务流程和特点,对全省中型灌区的水费结算和统计的整个业务流程进行信息化管理。系统使用组件设计,模块开发以及事务处理等软件开发技术,实现用水情况登记、水费计算收缴、水费结算和统计分析功能,并为水权交易提供信息交流和水量买卖的平台。系统支持农业供水用水情况和非农供水的用水情况记录,应收水费、实收水费、余额和欠费等自动计算和结算。系统具备先进性、可靠性、可扩展性和安全性,可适应不同灌区的业务处理模式,满足其需求的变化,有效帮助灌区由目前的按亩收费向按方收费转变。

4.2.2.5　灌区配水调度管理数据接入

灌区配水调度管理系统增加了中型灌区的配水调度管理,实现一次用水结束后对各用水单位及各乡镇本次(轮)实际用水量进行自动计算,统计生成各用水单位和乡镇的实供水量情况和应交水费情况,彻底解决日常管理过程中的水量统计复杂度大、难度高、计算不准确的问题。

4.2.2.6 灌区工程管理数据接入

灌区工程管理系统增加了中型灌区工程台账信息的管理，实现全省所有大中型灌区工程台账的电子化管理，便于灌区工作人员随时查询工程属性台账。巡检管理主要实现对灌区日常巡查记录的维护和查询功能，再配合移动智能终端设备的应用，则可以通过系统功能定位当前正在开展巡查工作的人员位置和巡检路径，并可以与现场巡检人员进行实时视频及语音通话，使得灌区主管领导及时了解现场工况和突发事件，快速定位问题位置，第一时间给出处理意见，保障灌区工程安全运行。

4.2.2.7 灌区水价改革情况管理数据接入

灌区水价改革情况管理系统增加了中型灌区农业水价改革各类相关信息的管理。

4.2.2.8 灌区项目建设情况管理数据接入

灌区项目建设情况管理系统增加了中型灌区项目相关信息的管理，为全省所有大中型灌区项目建设情况管理的真实性、及时性和完整性提供有力的技术支撑。

4.2.2.9 灌区排水排涝管理数据接入

灌区排水排涝管理系统增加了中型灌区排水排涝信息的管理，实现了全省所有大中型灌区排水排涝信息的统一管理。

4.2.2.10 灌区管理移动数据接入

基于智慧大型灌区平台的移动智能终端系统，对整个手机应用进行了重新设计，使之除了包含原有大型灌区平台手机应用的功能，以及增加中型灌区的业务需要之外，还增加了朋友圈、小程序等功能应用，例如可以通过小程序来动态加载不同灌区的不同业务，以激发人们的使用兴趣，整体操作风格与微信应用类似，操作人员可以不经培训或简单培训即会使用。

4.3 软件定制

4.3.1 典型灌区选择

通过收集典型灌区的业务需求整理分析整个江苏省中型灌区的个性化功能需求,后续在使用过程中再收集各灌区意见,逐步完善整个智慧灌区平台。典型灌区选择原则为:

1. 近年已实施改造或正在改造,骨干渠系及工程设施已基本配套,水利基础条件较好的灌区。

2. 灌区信息化有一定基础,地方发展灌区信息化的积极性较高。

选取的典型重点中型灌区基本信息如表 4-9 所示,其分布如图 4-2 所示。

表 4-9 典型重点中型灌区基本信息表

序号	市别	县别	灌区名称	设计灌溉面积(万亩)
1	南京	浦口	石桥灌区	1.41
2	南京	江宁	江宁河灌区	10.19
3	南京	六合	山湖灌区	28.0
4	南京	六合	龙袍圩灌区	4.19
5	南京	六合	新集灌区	2.35
6	南京	溧水	湫湖灌区	8.91
7	南京	高淳	永丰圩灌区	7.15
8	徐州	贾汪	子姚河灌区	5.0
9	徐州	贾汪	运南灌区	3.0
10	徐州	铜山	王山站灌区	29.6
11	徐州	铜山	郑集河灌区	29
12	徐州	铜山	大运河灌区	11.48
13	徐州	丰县	复新河灌区	29.6

续表

序号	市别	县别	灌区名称	设计灌溉面积(万亩)
14	徐州	丰县	苗城灌区	17.2
15	徐州	沛县	苗洼灌区	13.38
16	徐州	沛县	灌婴灌区	10.69
17	徐州	沛县	侯阁灌区	20.47
18	徐州	睢宁	沙集灌区	29.9
19	徐州	睢宁	高集灌区	15.0
20	徐州	新沂	沂沭灌区	25.42
21	徐州	新沂	合沟灌区	4.2
22	徐州	邳州	岔河灌区	29.5
23	徐州	邳州	邳城灌区	23.5
24	徐州	邳州	银杏湖灌区	14.2
25	南通	海安	红星灌区	8.2
26	南通	如东	马丰灌区	27.5
27	连云港	赣榆	古城翻水站灌区	7.2
28	连云港	赣榆	八条路水库灌区	2.9
29	连云港	东海	红石渠灌区	13.0
30	连云港	东海	昌黎水库灌区	4.0
31	连云港	灌云	一条岭灌区	28.3
32	连云港	灌南	涟中灌区	29.8
33	连云港	灌南	沂南灌区	8.38
34	淮安	清江浦	顺河洞灌区	11.7
35	淮安	涟水	涟中灌区	25.72
36	淮安	盱眙	东灌区	28.36
37	淮安	盱眙	桥口灌区	8.3

续表

序号	市别	县别	灌区名称	设计灌溉面积(万亩)
38	淮安	金湖	利农河灌区	9.61
39	淮安	金湖	洪湖圩灌区	2.2
40	盐城	盐都	龙冈灌区	6.94
41	盐城	大丰	川南灌区	15.6
42	盐城	响水	双南干渠灌区	21.30
43	盐城	射阳	跃中灌区	2.9
44	盐城	射阳	王开灌区	1.63
45	扬州	江都	红旗河灌区	18.2
46	扬州	江都	野田河灌区	11.56
47	扬州	宝应	泾河灌区	10.04
48	扬州	仪征	月塘灌区	10.74
49	扬州	高邮	向阳河灌区	15.46
50	扬州	高邮	汉留灌区	12.28
51	镇江	丹徒	长山灌区	5.72
52	泰州	高港	高港灌区	9.8
53	泰州	靖江	孤山灌区	8.97
54	泰州	泰兴	黄桥灌区	24.0
55	泰州	姜堰	周山河灌区	29.87
56	宿迁	宿城	皂河灌区	22.8
57	宿迁	沭阳	古泊灌区	18.9
58	宿迁	泗阳	新华灌区	21.5
59	宿迁	泗洪	曹庙灌区	2.6
60	宿迁	泗洪	红旗灌区	2.0

图 4-2 江苏省大中型灌区分布图

典型灌区的选择综合考虑了各市中型灌区情况，对各市进行了均衡选择，各市典型灌区数据如表 4-10 所示。

表 4-10　各设区市典型中型灌区数量分布表

序号	市别	数量
1	南京	7
2	徐州	17
3	南通	2
4	连云港	7
5	淮安	6
6	盐城	5
7	扬州	6
8	镇江	1
9	泰州	4
10	宿迁	5
合计		60

典型灌区的选择综合考虑了不同设计灌溉面积的比例，对各区间进行了均衡选择，各面积区间典型灌区数据如表 4-11 所示。

表 4-11　各面积区间典型中型灌区数量分布表

序号	面积区间	数量
1	大于 20 万亩	17
2	10 到 20 万亩	18
3	5 到 10 万亩	13
4	5 万亩以下	12
合计		60

典型灌区包括了列入江苏省 2021—2022 年中型灌区续建配套与节水改造的 28 个灌区，如表 4-12 表示。

表 4-12 2021—2022 年实施改造中型灌区基本信息表

序号	市别	县区	灌区名称	设计灌溉面积(万亩)
1	南京市	六合区	龙袍圩灌区	4.19
2		六合区	新集灌区	2.35
3		溧水区	湫湖灌区	8.91
4		浦口区	石桥灌区	1.41
		小计		16.7
5	徐州市	邳州市	银杏湖灌区	14.2
6		铜山区	大运河灌区	11.48
7		丰县	苗城灌区	17.2
8		睢宁县	高集灌区	15.0
9		贾汪区	运南灌区	3.0
10		新沂市	合沟灌区	4.2
		小计		65.0
11	南通市	海安市	红星灌区	8.2
		小计		8.2
12	连云港市	赣榆区	八条路水库灌区	2.9
13		东海县	昌黎水库灌区	4.0
14		灌南县	沂南灌区	8.38
		小计		15.28
15	淮安市	金湖县	利农河灌区	9.61
16		金湖县	洪湖圩灌区	2.2
		小计		11.81
17	盐城市	响水县	双南干渠灌区	21.30
18		盐都区	龙冈灌区	6.94
19		射阳县	王开灌区	1.63
20		射阳县	跃中灌区	2.9
		小计		23.6
21	扬州市	宝应县	泾河灌区	10.04
22		江都区	红旗河灌区	18.2
		小计		28.24

续表

序号	市别	县区	灌区名称	设计灌溉面积(万亩)
23	泰州市	姜堰区	周山河灌区	29.87
24		靖江市	孤山灌区	8.97
25		高港区	高港灌区	9.8
26		泰兴市	黄桥灌区	24.0
		小计		71.7
27	宿迁市	泗洪县	红旗灌区	2.0
28		泗洪县	曹庙灌区	2.6
		小计		4.6
	合计			245

4.3.2 个性化软件定制开发步骤

个性化开发工作按如下步骤进行：

1. 中型灌区管理信息接入江苏智慧大型灌区软件平台；

2. 对灌区管理人员开展培训；

3. 对典型灌区进行个性化需求调研；

4. 研发人员根据个性化需求进行个性化功能定制研发工作；

5. 研发人员将相关模块升级到平台软件中，并与灌区人员进行需求确认，进一步优化，使个性化功能模块满足灌区实际工作的需要。

4.4 运行维护

江苏省大中型灌区管理系统的运行维护工作，包括运行状态检测、系统使用答疑、系统数据备份、系统问题响应、系统发布实施、系统权限配置、系统培训等。通过对平台进行全方位的运行维护，确保平台软件能够高效、可靠地为全省大中型灌区标准化、规范化管理提供技术保障。

4.4.1 运行维护工作对象

软件平台运行维护的工作对象包括入库数据的管理与信息的展示，是为中型灌区定制的管理软件。

4.4.1.1 江苏省智慧大型灌区平台现有功能描述

江苏省智慧大型灌区平台主要服务于省、市、县、灌区管理单位及其二级管理站所，为各级管理人员完成日常灌区管理的业务提供现代化管理手段。平台软件主要包括灌区可视化集中展示系统、灌区管理一张图系统、灌区信息采集处理系统、灌区量测水管理系统、灌区水费计收管理系统、灌区配水调度管理系统、灌区工程管理系统、灌区水价管理情况管理系统、灌区项目建设情况管理系统、灌区排水排涝管理系统和移动智能终端系统等。平台软件的主页见图 4-3。

图 4-3 江苏智慧大中型灌区平台软件

4.4.1.1.1 灌区可视化集中展示系统

灌区可视化集中展示系统(如图 4-4 所示)以图形或图表的形式集中展示江苏省所有大中型灌区的各类统计分析数据，包括全省概况、水价改革情况、项目情况、用水情况、灌溉面积情况、工程管理与运行情况(含生态工程)等。

1) 全省概况

整体介绍江苏省市、区(县)、灌区等管理机构数量和人员编制情况，使浏览者一目了然地了解灌区管理单位及人员情况。

2) 水价管理

以表格和图表形式展示江苏水价改革情况，包括水价改革的计划完成面积、实

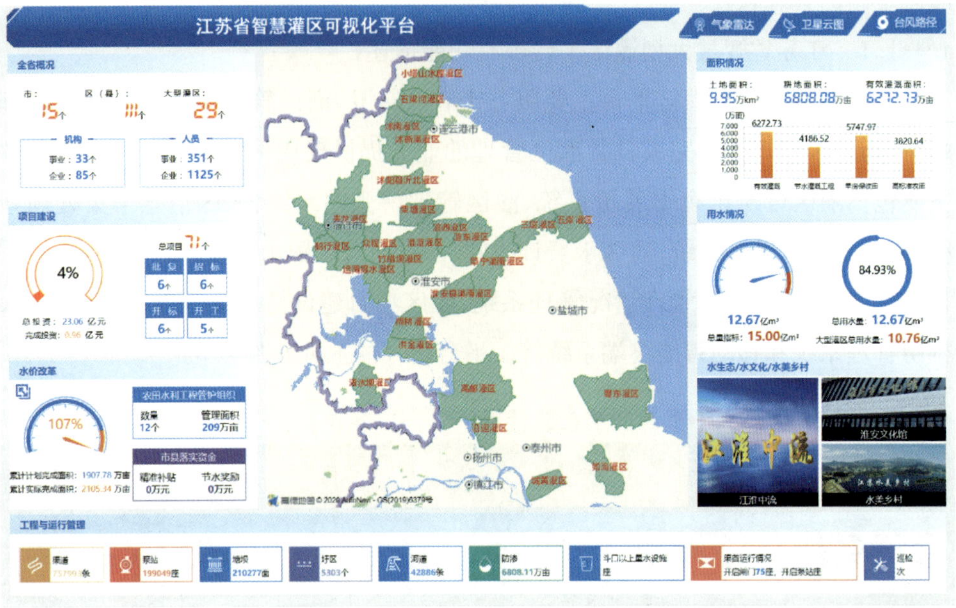

图 4-4　江苏省智慧大中型灌区可视化平台

际完成面积,农田水利工程管护组织的数量和管理面积,以及市县落实精准补贴和节水奖励等信息。

3) 项目建设

项目建设情况是以表格和图表的形式展示江苏省所有项目的总投资和完成投资情况,以及批复、招投标、开工等各个项目阶段及项目数量的统计等。

4) 面积情况

分析整个江苏省的土地面积、耕地面积、有效灌溉面积情况,并以柱状图的形式分析灌区的有效灌溉面积,节水灌溉面积,旱涝保收田、高标准农田的面积情况等。

5) 用水情况

以饼状图的形式分析全省的用水控制指标和总用水量,以及中型灌区总的用水量占整个总用水量的百分比。

6) 工程与运行管理

以表格和图表的形式展示江苏省灌区工程运行情况,包括渠道、塘坝、圩区的工程现状情况、排涝情况、防渗情况、防汛情况、灌排泵站情况等。

4.4.1.1.2　灌区管理一张图系统

根据省、市、县和灌区用户进行分级显示,省、市、县用户可以查看全省灌区概况、灌排工程、灌溉面积、项目建设、水价改革、基层服务体系、实时监视信息等展示内容，方便全面掌握全省灌区情况。灌区用户可以查看灌区涉及的工程台账信息、巡检信息、各类监测信息、配水调度信息、水量计算信息、水费计收信息、防汛预警信息等展示数据，方便各级工作人员及时掌握灌区运行管理情况。见图 4-5。

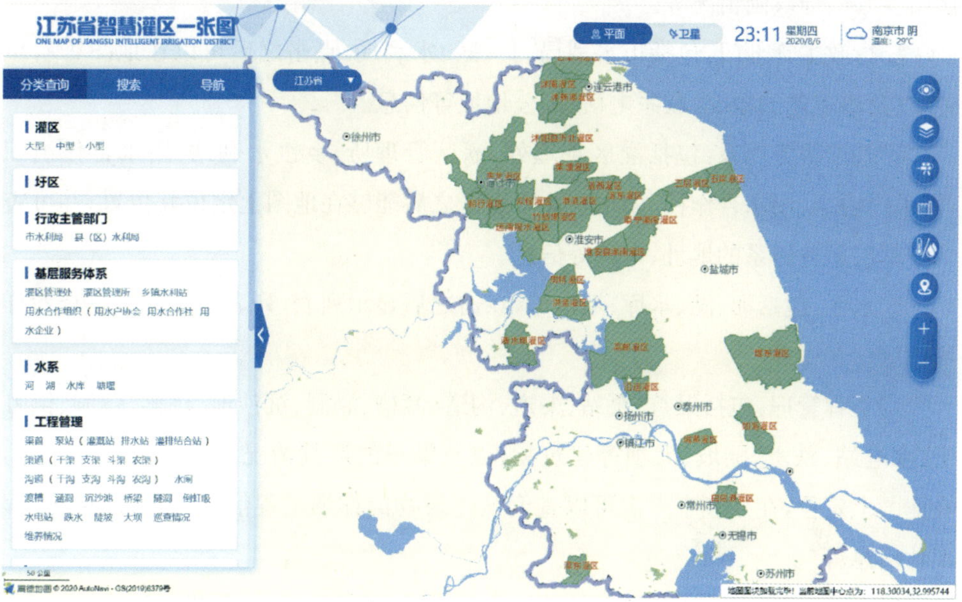

图 4-5 江苏省智慧灌区一张图分类查询系统

1. 整体查询与展示设计

设计二、三维地图，通过鼠标操作，可以查询全省灌区和每处灌区的概况，可以是文字、数据列表、图片、图表、全景、视频等内容。

2. 分类查询与展示设计

设计灌区、圩区、渠（沟）、水闸、渡槽、监测与监控、灌溉面积、水利景观、生态保护、项目建设、水价改革、基层服务等分类标签，在地图上可以查看每处大中型灌区渠（沟）工程、水闸、渡槽等建筑物信息及运行维护情况，并以工程编码为主线，查看某具体工程相应属性、水情、水费、灌溉面积、生态保护、灌溉历史文化等相关内容。

3. 查询内容设计

1）分类查询

包括灌区、圩区、行政主管部门、基层服务体系、水系、工程管理、水价改革、项目建设、监测与监控的查询。

①灌区:按照大型、中型的分类显示全省所有灌区列表,点击之后可查看灌区的基本情况,包括灌区的工程情况、用水情况、水价改革情况、项目建设情况、灌区相册等。

②圩区:显示全省所有圩区列表,点击之后查看圩区的概况、面积、圩堤长、排涝站、功率、圩口闸情况等。

③行政主管部门:包括市水利局、县(区)水利局,点击之后可以在地图查看位置,以及该单位的概况、联系电话、办公地址等信息。

④基层服务体系:包括灌区管理处、灌区管理所、乡镇水利站、用水合作组织(用水户协会、用水合作社、用水企业),点击之后能够在地图上定位其位置,并可查询该基层服务体系的地址、电话等信息。

⑤水系:包括河、湖、水库、塘堰等,点击之后显示列表,列表中点击可以查看详细信息。

⑥工程管理:包括渠首、泵站、渠道、沟道、渡槽、涵洞、沉沙池、桥梁、隧洞、倒虹吸、水电站、跌水、陡坡、大坝等建筑物,以及渠道的巡查情况和设备的维养信息。在地图上定位,在列表中点击可以查询该建筑物的详细工程信息、巡检信息、工程照片信息等。

⑦水价改革:包括水价改革的整体推进进度、年推进进度、月推进进度、农田水利工程管护组织分布、计量设施分布等。地图通过不同颜色来对各区县的水价改革未完成、进行中和已完成情况进行渲染,在地图上点击能够进行定位,并能够查看累计完成面积情况等。

⑧项目建设:包括项目台账、项目位置分布、项目验收汇总。点击项目台账可以查看每个资金年度各种项目的投资计划、招标日期、开标日期、已完成投资、完成比例等;点击项目位置分布,能够在地图上看到每个县区的项目位置及个数;点击项目验收汇总,能够按年度查询项目的验收汇总情况。

⑨监测与监控:包括地表水监测、地下水监测、雨情监测、墒情监测、气象监测、闸门自动控制、泵站自动控制、视频监控等。在地图上能够看到各类监测站点的位置和分布,点击监测站点可以查看监测站点的实时数据信息、历史数据信息、属性信息、照片信息等。

2)实时水况

根据各引配水口的水位和流量数据,在地图上渲染显示各级渠道的过水情况,清晰看到哪些渠道正在输配水，哪些渠道已停止供水，为灌区的调配水工作提供更加丰富的分析方式，为调度工作提供指导，对各分水闸的启闭状态、相关水位、累计水量、灌溉进度、实时视频进行监测。

3）实时工况

在地图上可以随时查看渠道、水闸、泵站等各类建筑物的基本情况、工程照片，以及各渠道的巡检信息等。

4）地图浏览

通过鼠标在地图上放大、缩小查看地图，也可通过导航条来选择需要查询的各区、县、灌区的地图，可以看到各灌区的渠道、水闸、泵站、监测站点、视频等信息。

5）地图叠加

以江苏省水利地图为底图，按图层叠加干渠、支渠、斗渠等各级渠系，水闸、泵站等各类建筑物，干沟、支沟、斗沟等各级沟道，水情、雨情、墒情、气象、视频等各类监测站点等。

6）地图切换

可以进行平面地图和卫星地图底图切换。

7）地图搜索

可以通过关键字搜索渠道、沟道、水闸、泵站、涵洞、渡槽等各类建筑物信息，水情、雨情、墒情、气象等各类监测站点，以及省市县各级水利主管部门位置等。搜索结果列表中按顺序显示，并可查看其详细信息。

8）地图导航

以高德地图为基础，结合渠系、建筑物等水利工程要素信息，可以进行导航。地图会显示如何从一个位置到另一个位置，可以选择驾车、公交、步行三种方式。

9）地图定位

通过渠道、水利工程建筑物、水利管理部门、灌区等地图搜索结果或导航条，可定位其相关位置信息。

10）搜索周边

在地图上点击某个位置，可以在设定的搜索范围内搜索灌区、圩区、行政主管部门、基层服务体系、水系、工程、监测与监控等相关信息。

4.4.1.1.3 灌区信息采集处理系统

主要实现对监测站点基础信息的管理，查询实时监测数据、历史数据，提供变化过程线、柱状图等多种图表展示方式。对满足报警条件的监测数据提供声音(语音播报的方式)、颜色、短信、微信等多种形式的报警预警处理。系统根据监测数据自动计算水量,提供多种报表形式,可以按年、月、旬、日等时间规律进行汇总。

1)监测站点管理

实现对系统中各类监测站点的基本信息进行查询、维护和管理的功能,包含的测点类型有地表水测点、地下水测点、雨情测点、墒情测点、气象测点、管道测点、视频测点、图像测点。

为满足部分灌区有将不同测点类型合并为一个监测站进行管理的习惯,模块提供了测站功能,实现不同类型测点的自由组合。

2)灌区监控数据

实现对遥测设备最新上报以及人工观测最新补报的水深(水位)、闸门开度、瞬时流速、瞬时流量、累积流量、埋深、时段雨量、土壤含水量、土壤温度、设备电压等监测指标以及拍照图像等各类型监测数据进行展示。用户可以按照各自需求设定数据刷新时间和重要的测点,并可以指定查询某一类型测点的全部数据。系统可按用户设定的时间间隔自动查询最新数据并显示,优先显示重点关注站点。

①提供了两种实时数据展现样式:列表模式和平铺模式。

列表模式:主要展示站点名称、监测时间、监测数据、距目前时差和报警状态。

平铺模式:主要以区块的形式,对监测站点的最新监测数据信息进行展示,展示的数据内容与列表模式相同,并展示监测站点的属性照片和最新上报的监测照片。

②详细信息主要实现对监测站点的基本属性信息、最新监测信息、历史数据信息、水位流量关系曲线、水位库容关系曲线、水位流量过程线、今日时段雨量柱状图、多日雨量柱状图、监测站点照片等详尽的展示。

3)分级视频监控平台

可以方便地查询、播放各测点拍摄的视频数据,还能将查询数据导出到 Excel 表格,实现对视频站点参数信息进行维护,维护的主要参数包括:视频地址、端口号、视频通道号、登录名、密码等。

4)人工置数

实现对灌区人工监测数据的录入上报(包括按时间录入和按空间录入两部分功能),以及遥测设备自动上报数据的校正和修改功能,并对其上报的水位、流量、水量等进行日水位、日平均流量和日水量的自动计算，计算结果用于支撑水情查询、水情统计、水位流量曲线拟合、水情整编、配水调度和防汛管理等。

5）数据查询

实现对各类型监测站点上报的历史数据进行查询的功能。

①视频查询

主要实现对视频测点历史数据、分析图表进行查询和查询结果输出的功能。

②墒情查询

主要实现对墒情测点历史数据、分析图表进行查询和查询结果输出的功能。

③水位流量查询

主要实现对水位流量测点历史数据、分析图表进行查询和查询结果输出的功能。

6）数据统计

实现对各类型监测站点上报的数据进行统计汇总和分析的功能。

①平均水位统计

对地表水测点上报的水位数据情况进行统计分析，主要包括月逐日平均水位统计、年逐月平均水位统计、年逐日平均水位统计 3 部分功能。

②平均流量统计

对地表水测点、管道测点上报或计算得到的流量数据情况进行统计分析，主要包括月逐日平均流量统计、年逐月平均流量统计、年逐日平均流量统计 3 部分功能。

③水量统计

实现对地表水测点、管道测点上报或计算得到的水量数据情况进行统计分析的功能。

7）监测预警信息推送

对灌区遥测设备自动上报的监测数据，以及满足报警条件的报警数据，以微信或短信的形式发送给灌区指定人员，主要包括定时推送设置、预警推送设置、人工推送、推送信息查询 4 个功能模块。

①定时推送设置

可设置规定时间自动发送短信或微信到收信人，可查询到设置的所有记录，可根据方案名称筛选记录，设置启动或禁用定时发送方案，删除方案等操作。

②预警推送设置

可设置各测点在出现预警情况时自动发送短信或微信的功能。

③人工推送

通过人工手段选择要接收短信或微信的人或部门，录入短信或微信内容实现发送操作。

④推送信息查询

可以查询某一时间段发送的短信或微信记录，包括手机号、发送内容、接收人等信息。

8）报警管理

主要实现对水情各种报警信息的管理。可以通过报警时间、报警状态、报警类型、排序方式等来查询报警信息，能查询各测点所有报警记录，并统计出各类报警个数，可在次级条目中进行报警解除、状态恢复等操作。

4.4.1.1.4　灌区量测水管理系统

灌区量测水管理系统包括数据采集、处理及查询统计，主要分为水位流量关系管理、观测数据录入、水情查询、水情整编、监测数据统计、水量平衡分析几大部分：水位流量关系管理可以根据监测数据拟合水位流量关系，也可录入已有的水位流量关系；观测数据录入可查询及维护遥测上报及人工观测数据，也可维护流速仪测流数据；水情整编可根据固定的水位流量关系整编历史数据；水情查询及监测数据统计提供不同方式、不同条件的统计查询等功能；水量平衡分析对应数据整编模块及数据统计模块，可综合统计出灌区的量水配水，进行水量平衡动态分析。

量水方式依据《灌溉渠道系统量水规范》(GB/T 21303-2017)的要求，含水位流量关系、涵闸量水、巴歇尔槽量水、宽顶堰量水、跌水量水和流量计量水 7 种方式，用户还可以随时根据流量曲线的变化情况校核历史数据。

1）流速仪实测

由流速仪实测计算和流速仪测流成果两部分功能组成。

流速仪实测计算功能是将测出的数据填入新增栏，系统将自动算出流量，保存后完成数据添加。

流速仪测流成果实现流速仪数据录入、查询、删除、导出 Excel 等操作。

2）量水方式管理

用户可根据实际情况对不同计量点设置符合该测点的量水方式，当遥测设备自动上报数据或人工观测完补录数据时，系统会自动根据该测点查找对应的量水方式，依据上报的数据自动进行流量和水量的计算，并将计算结果保存，供水情整编、统计分析以及配水调度、防汛预警和水费计收等业务应用调用。

3）数据整编

选择合适的水位-流量关系曲线，对实测的水情原始数据进行统一规范的整理和分析。具体包括整编计算、误差分析、日平流平差管理三大功能模块。

①整编计算

整编计算功能主要通过选定一条合适的水位流量关系来重新对某一时间段内水情历史监测数据的流量进行计算，并通过查询功能对整编计算结果的明细数据进行查询。

②误差分析

整编误差分析模块主要对某一年度初始整编计算结果和最终整编计算结果之间的误差进行分析。

③日平流平差管理

该模块功能可以合并测点并计算合并后的日平流，还可以以统计图的形式展现。

4）数据统计

该部分主要对各类型监测站点上报的数据进行统计汇总和分析。

①平均水位统计

对地表水测点上报的水位数据情况进行统计分析，主要包括月逐日平均水位统计、年逐月平均水位统计、年逐日平均水位统计 3 部分功能。

②平均流量统计

对地表水测点、管道测点上报或计算得到的流量数据情况进行统计分析，主要包括月逐日平均流量统计、年逐月平均流量统计、年逐日平均流量统计 3 部分功能。

③水量统计

对地表水测点、管道测点上报或计算得到的水量数据情况进行统计分析，主要包括测点水量统计、渠道水量统计、用水单位水量统计 3 部分功能。

4.4.1.1.5　灌区水费计收管理系统

灌区水费计收管理系统利用网络和数据库等技术，帮助灌区工作人员快速、准确地进行水费结算,是顺利完成水费计收工作的良好工具。该系统完成灌区对用水单位及乡镇水费的计算、收缴、结算,使得用水户可以自主查询个人的水账信息,促进水量、水价、水费“三公开”,提高水费收取的透明度。

灌区水费计收管理系统从功能上分为基本信息、水费计算与收缴、水权交易、水费结算、统计分析、水价设置、农作物分布情况等。

1) 基本信息

基本信息功能用于对水费系统所需要的基本配置信息进行管理,具体模块包括用水户管理、灌溉面积管理和水价管理。

①用水户管理

实现对灌区用水户基础信息的管理,功能包括查询、新增、编辑、删除、调整顺序、输出 Excel、Excel 导入和 Excel 模版下载。

②灌溉面积管理

对各用水单位及所属各用水户的各年度实际灌溉面积信息进行管理和维护,功能包括查询、新增、修改、删除、沿用、输出 Excel、Excel 导入和 Excel 模版下载。

③水价管理

对灌区水价(正常水价和超定额水价)信息进行管理和维护,功能包括查询、新增、编辑、删除和超定额水价区间设置。收费方式分为按方收费和按亩收费。

2) 水费计算与收缴

水费计算与收缴功能包括应收水费和水费收缴。

①应收水费

根据水量情况登记功能中的用水单位水量和用水户水量,分别计算用水单位和用水户的应缴水费,并且按照设置好的分成比例计算各自的水费比重。应缴水费信息经用水单位确认后结算且不能修改,只有该单位取消确认后才能够维护。

②水费收缴

该功能可以维护用水单位或用水户的水费收缴信息。缴费分为“预缴”“本年”“往年”三种:“预缴”可以在灌溉之前预缴费用;“本年”可以维护本年的缴费信息;“往年”可以还往年的欠缴水费。

3) 水权交易

水权交易功能用于对用水单位或用水户水权的回购、交易进行管理,具体模块有节水申请、水量回购、交易统计、水价管理。

①节水申请

该功能可对灌区用水单位及用水户在水权交易模块录入的水权信息进行维护和管理，功能包括查询、删除、添加申请和输出 Excel。

②水量回购

该功能可实现灌区管理处用水单位及用水户可交易水权回购的维护和管理，功能包括查询、新增、编辑、删除和输出 Excel。

③交易统计

查询统计灌区用水单位或用水户相互之间的水权交易，功能包括统计和输出 Excel。

④水价管理

针对按亩收费与按方收费进行水价管理，功能包括查询、删除、添加申请和输出 Excel。

4）水费结算

目前江苏省内大多数灌区实行轮灌管理，该模块可以实现灌区用水单位某年某轮期内应收水费、实收水费等信息的查询和结算。功能包括：统计、结算、取消结算和输出 Excel。

5）统计分析

该功能可以实现对灌区用水单位某年至某年应交水费、实交水费、往年余额和欠费等信息的查询统计。功能包括统计、输出 Excel 和显示图表。

6）水价设置

该功能用于设置定额水价，根据上级相关文件指示进行灌区农业水价的定额设置。

7）农作物分布情况

该功能用于在水费计收的管理中根据不同的农作物用水情况，分别进行水费收取，做到科学、可靠、合理收费。

4.4.1.1.6　灌区配水调度管理系统

遵循《江苏省用水总量控制管理办法》和《江苏省计划用水管理办法》，灌区配水调度管理系统按照用水单位的需水情况和灌区渠首引水情况，及时快捷地辅助工作人员制订灌区各用水单位的用、配水计划，通过系统向灌区管理单位下达配水指令，并根据遥测设备上报的各用水计量点测报的数据情况，对配水计划和执行情况进行分析和考核,以提高灌区用、配水管理效率和统计分析数据的准确性。

灌区配水调度管理系统从功能上分为需水计划、调度指令、用水统计、灌溉管理、灌溉状态监测、灌溉进度推演、统计分析。

1)需水计划

需水计划主要汇总灌区各用水单位上报的计划用水量,以及灌区调配水管理人员用于配水指令制定而参考的今早流量情况和昨日日平流量情况。

2)调度指令

主要实现灌区调度人员制定配水指令、下达配水指令、调整配水指令、考核现场配水人员调配水情况等功能。指令内容主要包含接收配水指令的下级水管单位及人员、用水单位、配水时间、配水流量等。下级水管单位在登录系统后,系统会自动提示是否执行配水指令,下级水管单位执行完该配水指令后,其状态自动修改为“已执行”。

3)用水统计

对灌区各用水单位阶段性或全年的实际用水量、灌区实引水量以及河道泄水情况进行统计分析。

4)灌溉管理

督促灌区基层工作人员及时上报灌溉进度,汇总统计全灌区灌溉进度情况。

5)灌溉状态监测

对当前各进水闸启闭高度、闸后水位、累计进水量进行监测。

6)灌溉进度推演

根据渠道供水实时状态进行灌溉进度推演。

7)统计分析

对本年度供水情况进行汇总分析。

实现配水调度流程的自动化,提高响应效率,记录调度过程,使配水调度工作有迹可循、有理可依,降低沟通成本,确保信息无误。首先由用水单位定期提交用水申请或需水计划,由调度人员根据实际可供水量以及用水需求制订最优的配水计划,并将配水指令下达给配水员,由配水员按照指令要求进行调闸,完成后需要向调度人员反馈执行情况,调度人员要进行最终确认。

4.4.1.1.7 灌区工程管理系统

为适应灌区工程台账信息存档管理及日常巡查工作的顺利开展而专门设计的一款系统应用,主要包括工程台账信息管理和工程巡检信息管理两部分。

1）工程台账管理

实现对灌区各类工程建筑物基本属性信息进行维护和管理功能。主要建筑物类型包括渠首、渠道、水闸、泵站、渡槽、涵洞、桥梁、倒虹吸等。

2）工程巡检信息管理

对灌区工程巡检信息进行录入和维护,包括工程养护记录,工程的全景照片、高清图像、高空视频,工程简介等基本情况。

4.4.1.1.8 灌区水价改革情况管理系统

包括灌区水价改革概况、水价改革月进度、灌区水价改革情况统计、农田水利工程管护组织、计量设施、统计汇总等。

(1) 水价改革概况:主要介绍水价改革施行位置和实施范围等改革情况、推进情况、主要推进措施、存在问题、完成情况等。

(2) 水价改革月进度:各县区按月上报水价改革的进度,包括改革面积情况、计划用水情况、水价核定情况、灌溉计量情况、产权改革情况、管护组织情况、奖励补贴情况、累进加价情况。

(3) 灌区水价改革情况统计:包括统计各县区水价改革情况的设计灌溉面积、有效灌溉面积、改革任务情况、供水计量情况、灌区农业供水价格与成本、安排农业水价综合改革相关资金。

(4) 农田水利工程管护组织包括:组织名称、组织类型、参与农户数、注册类型、联系人、电话、地址、建立时间、管理灌溉面积、灌区类型、村级水管员数量、经度、纬度等。

(5) 计量设施:包括计量点名称、位置、设施位置、量水方式、管理单位及人员、经度、纬度。

(6) 统计汇总包括月进度统计汇总、整体进展情况汇总、管护组织统计汇总、计量设施统计汇总。

4.4.1.1.9 灌区项目建设情况管理系统

通过数据库、GIS、网络等技术,实现对整个灌区涉及的工程项目建设的动态化、数字化和矢量化管理,达到点、线、面三位一体的全面信息覆盖。灌区项目建设情况管理主要包括项目台账、项目进度、项目验收汇总表等。

1）项目台账管理

包括项目名称、投资计划、初步设计或实施方案的批复日期、招标日期、开标日期、开工日期、已完成投资、完成比例、建成生态河道条数、完成的土方情况等。

2）项目分布图

通过二维电子地图直观了解所有项目的分布情况以及状态，可以查询地图上的项目基本概况和工程情况。

3）项目进度

按月上报项目进度，包括初步设计或实施方案的批复日期、招标日期、开标日期、开工日期、已完成投资、完成比例、建成的生态河道条数、完成的土方情况等。

4）项目验收汇总

包括项目的有效灌溉面积，旱涝保收面积，高标准农田面积，节水灌溉工程面积，防洪、排涝、灌溉、防渍、分项配套建筑物，河道、渠道、塘坝、圩区、年度完成土石方，年度改造中低产田，年度治理水土流失和预防面积，年度实施农村饮水安全工程，灌溉水利用系数，乡镇水利站、河道管护年度经费、年度投资等。

5）项目文档管理

对整个项目过程中各类文档的管理，包括批复、方案设计、招投标、开工、进度、竣工、验收等整个项目过程所有文档、影音资料的管理。

4.4.1.1.10　灌区排涝管理系统

以灌区、沟道、河道等的水情实时监测数据为基础，加强对灌区的排水河、沟的工程管理，对重要排水节点进行实时监测和预警，再结合历史数据对排水情况进行分析，并向水利各级主管部门及灌区提供决策支撑。

灌区排涝管理应用主要包括河沟信息管理、排水实时监测管理、预警信息推送管理、统计分析。

1）河沟信息管理

对河道、沟道建筑的工程信息进行维护管理，为排水排涝硬件设施提供软件维护。

2）排水实时监测管理

对排水测点进行实时的数据监测。

3）预警信息推送管理

当排水测点监测到数据报警时，通过预警信息推送管理，将报警信息直接发送给相应的监测人员，以便可以快速解决报警问题。

4）统计分析

对排水监测采集上来的数据进行统计分析，为后续排水排涝提供数据支持。

①平均水位统计

实现对测点上报的水位数据情况进行统计分析的功能，主要包括月逐日平均水位统计、年逐月平均水位统计、年逐日平均水位统计。

②平均流量统计

实现对测点上报的流量数据情况进行统计分析的功能，主要包括月逐日平均流量统计、年逐月平均流量统计、年逐日平均流量统计。

③水量统计

实现对水量情况进行统计分析的功能，主要包括月逐日水量统计、年逐月水量统计、年逐日水量统计。

4.4.1.1.11 移动智能终端系统

先进的互联网技术及物联网技术为支撑，结合全省灌区需求，将全省灌区日常管理过程中使用频率较高、核心的业务功能集成到手机、平板移动终端中，大大提高了信息的传递、接收、处理的及时性与准确性。

移动智能终端系统将根据省、市、县和灌区用户进行分级显示，主要包括监测监控、站点名录、通讯录、发现和我等功能，大大提高了工作人员信息发布、传递、接收、处理的及时性与准确性。

1）监测监控

主要包括监测站点的实时数据查询、历史数据查询、监测数据上报、站点信息查询等，当监测站点有报警数据或异常数据时，列表中会以特别颜色标识显示，列表中显示哪些监测站点可通过设置来勾选。

①实时数据查询：显示灌区建设的水情、雨情、墒情、气象等各监测类型站点的实时数据信息，对于有报警或者异常信息的数据以特殊颜色标识显示。

②历史数据查询：以表格或者图表的形式显示监测站点的历史数据信息，也可通过开始时间、结束时间来设置需要查询的时段。

③监测数据上报：可以通过选择监测站点来上报该监测站点的数据信息（含文

字、语音及照片等)。

④站点信息查询:查看监测站点的基本属性信息,以及监测站点的照片信息。

2) 站点名录

显示灌区建设的水情、雨情、墒情、气象等各类监测站点,可以根据需要创建分组。

①站点信息:按用户设置的分组来显示监测站点,以及查看监测站点的基本属性信息。

②站点分组:用户可以自己创建分组,也可以修改分组名称或者删除分组。

3) 通讯录

用户可以根据需要将省、市、县水利主管部门或者灌区作为一个单位用户添加到通讯录中,也可通过扫描二维码来关注添加,也可取消关注来删除通讯录中的用户。

①管理好友:通过设置或者扫描用户的二维码来关注和添加好友,通过取消关注来删除好友。

②查看信息:添加为好友的用户,可以查看其用户单位的一张图和一篇简介信息。

4) 发现

主要包括朋友圈、扫一扫、工程巡检、调度指令、签到、小程序等功能应用。

①朋友圈:用户具有发表朋友圈的权限后,可以以用户所在管理单位为单位发布朋友圈,朋友圈的内容与微信类似,可以是文字、照片、短视频等形式,通讯录中好友可以点赞、评论,最终打造灌区朋友圈。

②扫一扫:通过扫描二维码可以实现用户登录 PC 端、查询水利工程建筑物以及监测站点的基本属性信息和实时数据信息、添加好友等。

③工程巡检:可实现灌区的日常渠道巡查、设备的维修养护等。通过 GPS 定位来实现巡检轨迹的实时记录,对异常轨迹或异常点以特殊颜色显示,并上报异常信息,包括文字内容、照片、视频等。借此,灌区主管领导可以及时了解现场工况和突发事件,快速定位问题位置,第一时间给出处理意见,保障灌区工程安全运行。

④调度指令:接收配水调度指令。指令内容主要包含接收配水指令的管理单位及人员、用水单位、配水时间、配水流量等。

⑤签到:签到时记录用户位置的经纬度及地理位置名称信息,可通过查询功能

来查询用户一段时间内的签到情况，为灌区管理或者考核提供数据支持。

⑥小程序：类似微信的小程序，主要包括省、市、县、灌区等水利主管部门重点关注的内容，也可是各相关单位的个性化内容，根据不同单位的需要动态添加应用，满足不同用户的需求。

5）我

主要包括一篇简介、一套表、一组文件、一张图和 App 的通用设置功能。

①一篇简介：省、市、县、灌区等水利主管部门的概况、风采照片、视频和 360°全景等。

②一套表：灌区基本情况的数据表。

③一组文件：灌区管理过程中的各类文件，Word、PDF 格式的文件可以直接浏览、查看内容。

④一张图：省、市、县、灌区等水利主管部门的电子地图，包括灌区的渠系、建筑物情况，以及平面图和卫星图的地图切换等。

⑤设置：修改登录用户的密码，设置 App 皮肤、字体大小等。

4.4.1.2 中型灌区定制研发软件的功能描述

在典型灌区调研的基础上，基于现有二次开发框架定制研发中型灌区管理软件，包括开发前端功能模块，自主选择后端数据接口，自行二次开发数据库结构，以上无需进行软件底层架构的设计和开发，从而降低后续项目的开发难度、缩短开发周期、节约开发成本，且保证与现有系统平台统一、风格一致。

4.4.2 运行维护工作内容

4.4.2.1 运行状态监测

运行状态监测是对系统所有功能模块、登录状态、运行状态的检查与记录，以确保系统正常运行。

1）时间规则

每周周六开始监测工作并于次周周一 8:00 前完成相关工作，以确保系统在工作日的正常运行。

2）工作流程

（1）通过人工点击及监测软件对状态进行监测；

（2）对异常情况及时处理，并通知相关人员；

(3) 将监测结果登录到标准文档并进行存档。

4.4.2.2 系统使用答疑

通过热线电话、售后 QQ 群、售后微信群等多种方式及时回答用户提出的问题,不能简单描述的,用远程协助或打电话解决。

完成答疑后,要做好记录,将解决的问题形成记录存入文档,每周整理归档一次。用于月末、年终统计数量。

遇到运维人员解决不了,需要与设计人员、研发人员、灌区使用人员等沟通才能解决的问题,要将问题记录到"系统答疑特殊问题记录表"中,如表 4-13 所示。

表 4-13 系统答疑特殊问题记录表

客户资料			
单位名称			
单位联系人		联系方式	
技术支持过程			
支持人员		协助人	
起止时间			
问题描述			
处理方法			
处理结果			

4.4.2.3 系统问题响应

1) 发现问题

通过主动监测系统运行情况和及时接收用户反馈两种方式发现系统问题。

2) 解决问题

通过热线电话、售后 QQ 群、售后微信群、QQ 远程协助等方式详细了解问题、分析问题,确定问题属性,属于系统配置问题、系统变更问题还是系统功能缺陷。对于系统配置问题,按系统操作规范进行系统配置,以解决问题;对于系统变更问题,及时上报变更控制委员会,按变更流程进行变更响应;对于系统功能缺陷,及时反馈给质量控制部门,按流程进行缺陷修补。

3) 记录问题

对于已处理的问题形成记录,存档管理。

4）总结问题

每天将解决的问题记录到工作日志中，每周汇总文档，每月召开专项工作讨论会并形成汇报材料。

4.4.2.4 系统数据备份

（1）结合江苏省水利云中心的备份管理机制对数据库、地理信息资源进行备份。

（2）每周对业务系统进行文件备份，同时需将备份文件进行异地备份，每年将当年备份文件拷贝到专项介质上存档保存。

（3）对备份文档进行刻录，包括备份内容、备份时间、备份人员等相关信息。

4.4.2.5 系统发布实施

（1）结合江苏省水利云中心的管理机制，在省水利专网环境内进行系统的发布实施。

（2）系统的安装包、升级文件由运维人员提前做好，并在实施前做好测试。

（3）数据库和地理信息服务利用原有水利云平台进行部署，严格按照水利云中心的管理制度进行操作。

（4）系统发布实施后的相关信息做好刻录并及时通知相关人员。

4.4.2.6 系统权限配置

通过为各灌区管理单位建立管理员用户，分配用户权限和设置，可用模块来初始化系统配置。各级管理员用户可对所辖灌区进行各自用户的建立和功能设置。利用平台统一的用户认证服务和权限认定服务，实现应用系统跨数据库、跨系统平台的无缝接入和集成，实现中型灌区不同层级、不同业务用户、不同应用功能的需求。

4.4.2.7 系统培训

为了确保江苏省智慧大中型灌区平台软件的建设成果有效落地，真正实现全省中型灌区的标准化、规范化管理，让各级管理人员熟练掌握系统的使用方法，将系统应用于日常的管理工作是至关重要的，因此对各级管理人员进行相关的技术业务培训和管理知识培训是必不可少的。

1）制定的培训计划原则

（1）本着坚持以合理的科学教育培训为原则，对培训计划进行科学合理的编制，分层次、分类别、分技术地开展内容丰富、形式灵活的培训，使培训人员能接受最先进、最好的培训方式。

(2) 聘请经验丰富的培训师,并提供技术培训手册、常用疑问阶段文档,以帮助培训对象更好地理解培训内容。

(3) 在培训计划制定时,应综合考虑、合理安排计划。在培训计划执行时,应根据实际情况来执行并保证培训时间、培训学时。

(4) 从"注重培训细节、注重培训内容、注重培训实效性"角度出发,确保培训质量、培训效果达到理想状态,让被培训人员理解每节课程。

(5) 坚持按需施教、务求实效的原则。根据培训对象实际情况的多样化,应分层次、分类别地开展内容丰富、形式灵活的培训,增强教育培训的针对性和实效性,确保培训质量。

2) 制定的培训计划内容

组织全省大中型灌区管理人员进行线上培训,培训包括系统说明、系统演示及测试答卷三项内容,如表 4-14 所示。

表 4-14　全省大中型灌区系统培训计划表

<table>
<tr><th>序号</th><th>用户</th><th>软件</th><th>培训方式</th></tr>
<tr><td rowspan="3">1</td><td rowspan="3">省、市、县用户</td><td>灌区可视化集中展示系统</td><td rowspan="3">线上培训
实际演示</td></tr>
<tr><td>灌区管理一张图系统</td></tr>
<tr><td>灌区管理移动智能终端系统</td></tr>
<tr><td rowspan="11">2</td><td rowspan="11">灌区用户</td><td>灌区可视化集中展示系统</td><td rowspan="11">线上培训
实际演示</td></tr>
<tr><td>灌区管理一张图系统</td></tr>
<tr><td>灌区信息采集处理系统</td></tr>
<tr><td>灌区量测水管理系统</td></tr>
<tr><td>灌区水费计收管理系统</td></tr>
<tr><td>灌区配水调度管理系统</td></tr>
<tr><td>灌区工程管理系统</td></tr>
<tr><td>灌区水价改革情况管理系统</td></tr>
<tr><td>灌区项目建设情况管理系统</td></tr>
<tr><td>灌区排水排涝管理系统</td></tr>
<tr><td>灌区管理移动智能终端系统</td></tr>
</table>

5

系统集成

5.1 系统集成

系统集成是对江苏省已建设的应用系统、灌区已完成的业务应用系统和数据进行整合,借助系统部署与网络环境的合理布设,将灌区代码与水利对象代码统一设计,实现应用系统的互联互通,提高"江苏省智慧大中型灌区平台"与其他系统数据信息的共享能力。

5.1.1 系统集成范围和内容

5.1.1.1 整合已有资源

借鉴江苏省智慧大型灌区平台的建设经验,通过《监测数据库表结构及标识符》(SZY 302—2017)和《实时雨水情数据库表结构与标识符》(SL 323—2011)的数据库建设标准,调取江苏省水资源监控能力建设完成的监测站点日水量数据及防汛系统相关数据,与智慧大型灌区平台实现数据共享、资源整合。

5.1.1.2 整合灌区数据

灌区日常管理会产生大量的数据信息,由于在不同项目建设中,应用了不同软件系统,很多早期建设系统中的应用已经不能满足用户业务需求。由于传统软件不易扩展,需通过开发新的软件来实现新的业务需求,故软件数量会越来越多,入口也随之增多,数据也相应增多,集成性越来越差,用户为了完成日常工作,往往需要登录多款软件,且这些软件往往不能提供统一的数据接口。因此需要一个整合功能的平台软件来进行数据资源整合。

5.1.2 系统部署与网络

江苏省水利信息网络系统按照省、市、县 3 级网络架构,建成了以省厅为中心,连接全省 13 个地市水利局、8 个厅属工程管理处、13 个市水文局,以及市到县水利局、管理单位到工程点的计算机广域网。整个网络分为 3 级节点 4 个层次,1 级节点是省水利厅网络中心,2 级节点是市水利厅或厅直单位网络中心,3 级节点是县水利局或工程站点网络中心,网络的 4 个层次为骨干、地区、部门和监控网。

骨干网是连接 1、2 级节点的广域网,由省水利厅和 32 个单位(各市水利局、水文局、厅直单位)互联组成。地区网是连接 2、3 级节点的广域网,由市水利局(或厅属管理处)和县水利局(或工程站点)互联组成。部门网是各单位内部的局域网,通过广域网互联设备接入骨干网或地区网。监控网是指各自动监控网络。

江苏省水利网络结构如图 5-1 所示,互联网与水利专网逻辑隔离。监控网物理隔离,通过单向网向水利专网传送数据。

系统采用集中部署,分级应用的方式进行建设,按照网络安全的要求,需要部署两套系统(水利专网系统和互联网系统),如图 5-2 至图 5-4 所示。水利专网系统部署在省水利厅水利专网上,满足省水利厅、市县水利局、灌区管理单位及下属站所的应用。移动智能终端系统在省水利厅互联网上,满足使用手机等智能终端的用户访问与使用。

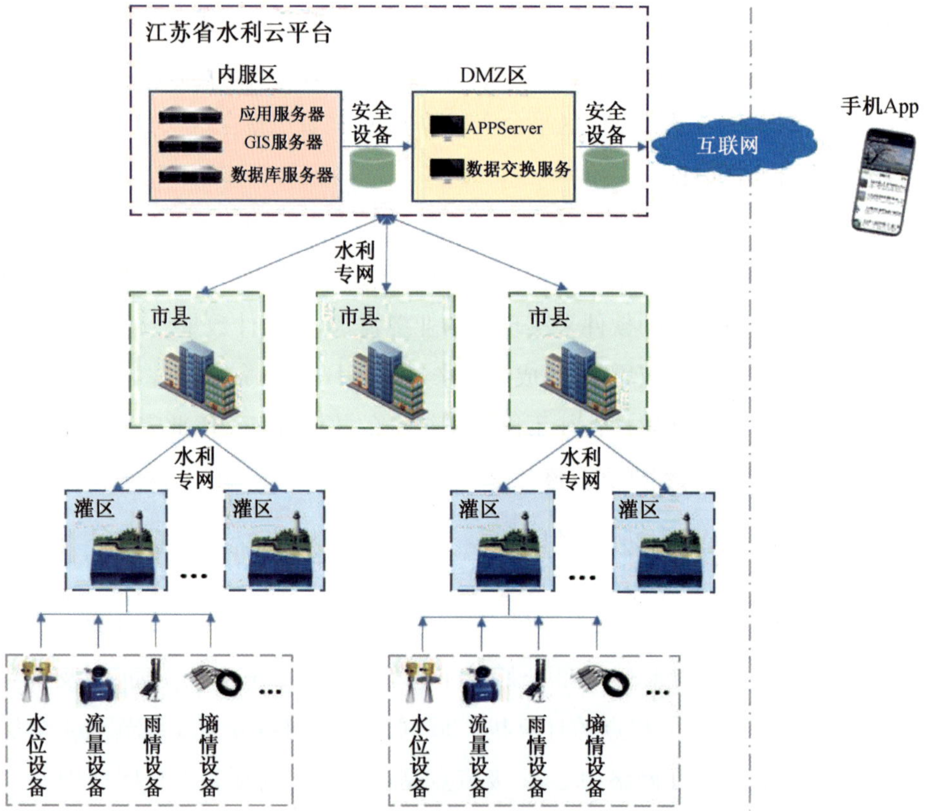

图 5-1 江苏省水利专网与电子政务外网网络拓扑图

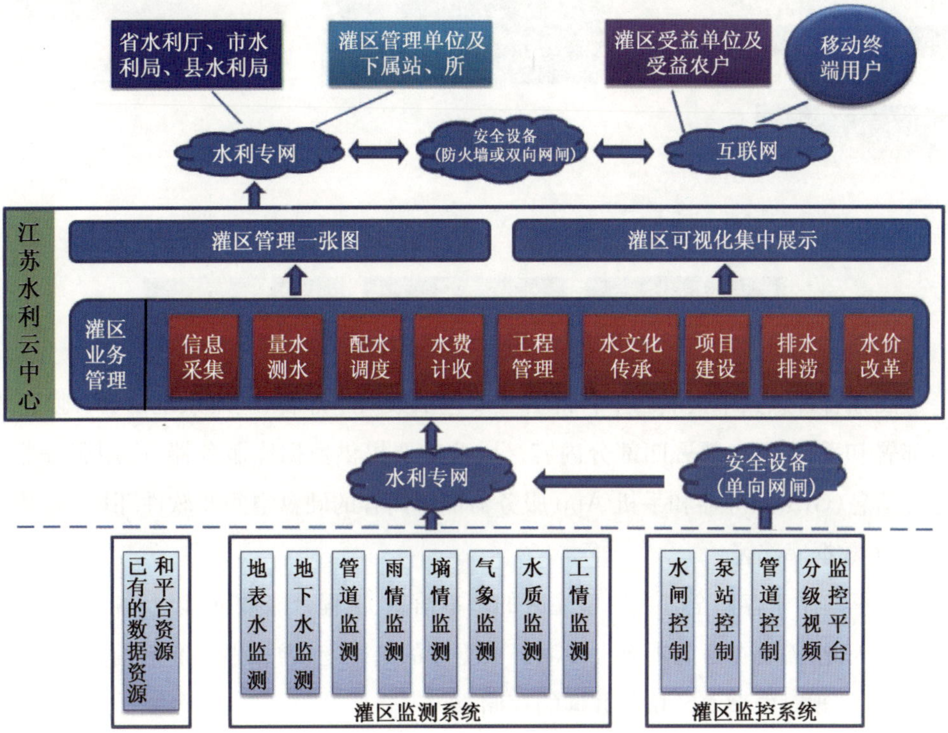

图 5-2　系统整体框架图

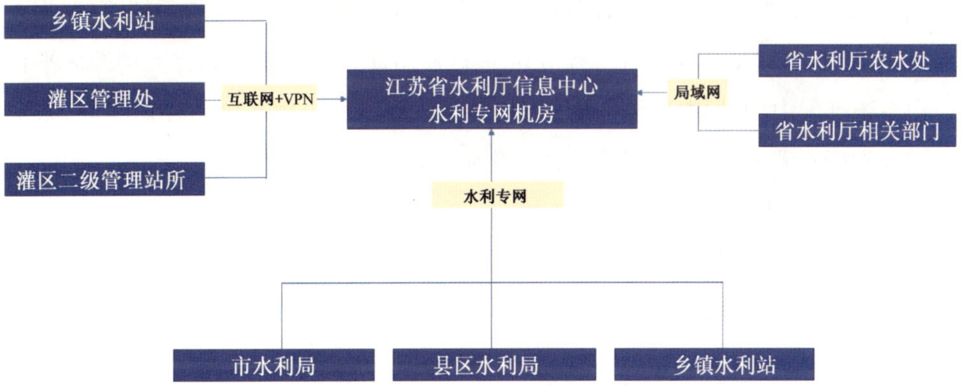

图 5-3　水利专网系统网络拓扑图

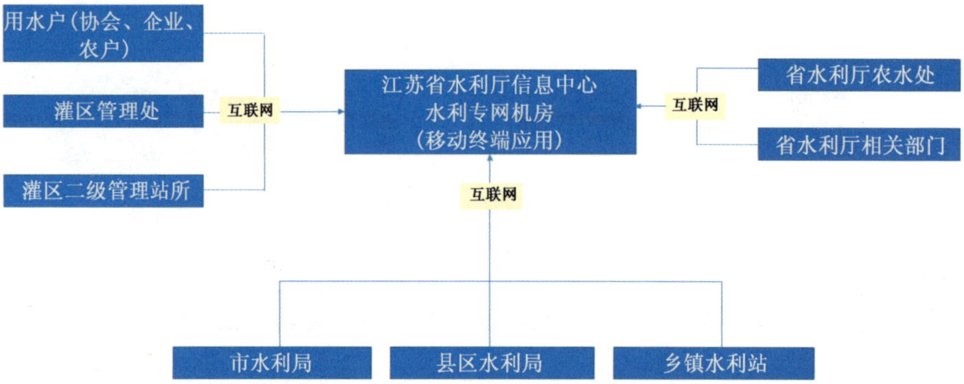

图 5-4 移动终端系统网络拓扑图

江苏省智慧大中型灌区平台部署主要包括数据库部署、应用系统部署、地理信息部署和手机 App 部署四部分内容。因此需要提供数据库服务器、应用服务器、地理信息(GIS)服务器和手机 App 服务器部署内容的硬盘空间及软件环境。

1）数据库部署

数据库用于存储全省大中型灌区的基本信息、工程台账数据,以及各类监测数据等。因此,需要在目前现有大型灌区数据库的基础上,增加中型灌区的数据存储空间,来实现对中型灌区相关数据的存储。

2）应用系统部署

江苏省智慧大中型灌区平台系统主要包括灌区一张图系统、灌区可视化集成展示系统、灌区业务系统(灌区信息采集系统、量测水系统、配水调度系统、工程管理系统、水费计收管理系统、水价综合改革系统、项目建设管理系统、排涝系统等)。为了保证这些应用系统能够在全省所有市县、灌区使用,因此,需要在原有大型灌区平台应用系统部署中,增加中型灌区所需相关配置,并增加应用系统的存储空间,来实现对全省所有灌区数据、文档等信息的存储。

3）地理信息部署

考虑到目前水利专网中的地图服务数据信息与当前灌区实际情况存在不一致的情况,部分灌区的地图数据信息已经发生改变,因此根据全省中型灌区提供的地图图纸或 CAD 图重新绘制地图,绘制完成后将地图按开源的 OGC 标准生成地图文件格式,提供给信息中心进行发布。

4）手机 App 部署

水利专网与互联网之间已建立 DMZ 区,水利专网可以调取 DMZ 区的信息数据，而互联网可以与DMZ区实现双向互联互通，调取数据，手机App智能终端管理系统可部署其中。DMZ区存储的数据与水利专网核心区需要开发的数据交换软件来实现数据交互。

5.2 系统配置

整个江苏省智慧大中型灌区平台基于B/S模型进行开发，要保证其先进性、实用性和可持续性。软件方面应提供二次开发接口，便于后期维护、开发，且须提供第三方软件报告，拟采用服务端及客户端运行环境如下。

1）服务器硬件环境

CPU：8核以上的CPU

内存：32G或以上

2）服务器软件环境

Microsoft Windows Server 2012或以上

利用现有数据库软件和地理信息GIS软件

3）客户端运行环境

Windows 7或以上

浏览器IE 11或以上

5.2.1 前端平台

前端平台采用以HTML5+CSS3为主要技术实现，提供丰富、绚丽的数据展现形式，框架和组件的选择要尽量使用成熟的新技术。

整个前端操作要在常用的平台（Windows）上进行，通过浏览器进行操作。移动端应能适应目前流行的Android操作系统。

5.2.2 后端平台

（1）以Node.js技术作为连接前端展示层和后端处理层的桥梁，实现前后端数据的高效交互。以应用最为广泛、运行最为稳定的Java Spring为框架，实现对各类数据的处理、计算和分析。

（2）数据库：支持SQL Server或Oracle数据库，能很好地与开发平台集成。

(3) 地理信息系统平台:采用专业的GIS平台软件,地图采用公用地图或在省水利一张图的基础上,叠加灌区管理所需要的图层,如水系、灌溉、排水、不同建筑物等,再按功能要求进行二次开发,从而实现基于GIS的灌区管理系统。

5.3 安全设计

江苏省智慧大中型灌区平台是利用江苏省智慧水利云平台的网络资源进行搭建的,严格按照江苏省智慧水利云平台的网络等级评测要求进行网络安全管理。

5.4 扩展设计

5.4.1 开发框架概述

本项目软件遵循统一的SOA技术架构,将业务服务组件封装成服务,纳入软件资源进行统一管理。平台软件在技术架构设计上应充分考虑可扩展性,定义标准的二次开发接口,易于平台二次开发,为灌区业务的不断发展、功能升级和集成其他系统做好支撑,为灌区搭建完善、稳定、高效的软件系统架构,使得灌区在后续的项目中无须再进行软件底层架构的设计和开发,从而降低后续项目的开发难度,节约开发成本,缩短开发周期,且保证灌区多期项目建设的软件成果平台统一,风格一致。

5.4.2 开发模式说明

基于平台进行二次开发时,遵循开发规约,使用提供的二次开发框架,按需求开发前端功能模块。自主选择常用的后端数据接口框架(Java、.NET等),自行设计二次开发数据库结构。二次开发模块与二次开发数据接口均可以通过访问平台数据接口,实现二次开发与平台产品之间的数据交换,如图5-5所示。

最终将二次开发成果合并至江苏省智慧大型灌区平台中,实现统一访问、统一风格、统一管理。

基于二次开发框架中提供的控件库、样式库、资源库、方法库、数据接口等,可快速实现功能模块的开发。二次开发框架主要包括应用层、路由层、服务层和数据层四部分，如图 5-6 所示。

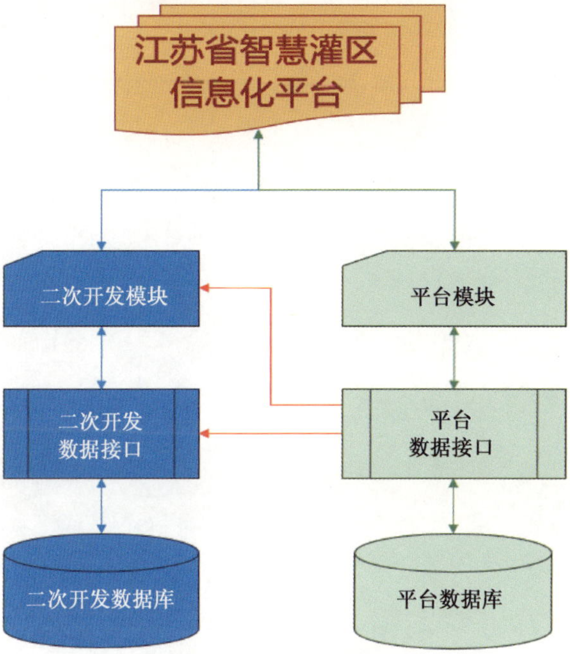

图 5-5　二次开发模式

应用层	Public Views	以模块为单位，引用框架提供的控件库、样式库、资源库、方法库，快速实现符合平台标准的界面效果和布局，根据功能要求，编写实现处理逻辑的代码，完成前端展示功能开发。Views目录下存放HTML页面文件。Public目录下存放JS、CSS、jpg等资源文件
路由层	Routes	路由器是前端应用与后端数据之间的交换媒介，在路由器可同时访问平台产品和二次开发数据库中的数据，在路由层完成对数据的获取、处理、整合，将最终成果返回给应用层进行展示
服务层	平台数据接口 二次开发数据接口	服务层包括平台提供的数据访问接口和二次开发的数据接口。二次开发接口根据需求与二次开发数据库进行数据交换，同时按照规约文档中参数格式的要求组织数据，调用平台数据接口提供的方法，以获取平台中提供的数据，将数据成果传输给路由层
数据层	二次开发数据库	二次开发数据库根据用户需求设计存储表结构，只保存功能模块相关的数据

图 5-6　二次开发框架

6

组织实施

6.1 工作任务

6.1.1 空间数据收集入库

空间数据收集入库包括原始地图收集及处理、地图的矢量化、地图服务发布、GIS 系统联调四部分。

1）原始地图收集及处理

原始地图资料是空间数据收集入库的基础，各中型灌区根据江苏省水利厅下发的地图要求，将原始地图资料提供给省水利厅，原始地图资料需保证是 CAD、KMZ、KML、Shape、Excel 坐标或 GPS 坐标格式。

技术支持单位检查图纸格式和内容，图纸内容至少包括管理单位、建筑物（水闸、渡槽、泵站等）、渠道、水系、沟道等水利工程和市、县、乡、村、道路、界限等基础数据，不满足图纸格式和内容的地图资料，由灌区重新提供，技术支持单位协助收集。

技术支持单位根据灌区提供的原始地图按统一编号规则进行编号，由专人严格按照地图归档管理办法进行归档，地图信息为保密信息，技术支持单位不得将收集的原始地图资料外传。

技术支持单位对地图资料进行收集、编号、分类、归档后，利用专业化图像处理软件对原始地图进行预处理，以改善原始地图的质量。

2）地图的矢量化

对江苏省 264 处中型灌区的地图进行矢量化处理，地图矢量化处理的标准规范参考江苏省智慧大型灌区管理平台制图标准，对地理数据库格式、坐标系、要素图层属性、监测站点属性、GDB 要素和专题图分类等内容进行格式统一、标准统一。

地图矢量化严格按照配准、建立图层、设置图层的属性、要素绘制、连接数据、创建鹰眼和地图备份的流程执行，在制图过程中，使用文件地理数据库(.gdb)或个人地理数据库(.mdb)格式和 2000 国家大地坐标系 CGCS2000 进行存储。

矢量化过程中的 GDB 要素表严格按照统一的标准进行建设实施，包含行政驻地、管理机构、信息化、建筑物、输水渠系、排水沟系、堤防、水系、交通路网、界限、灌溉面积、界面等。

地图矢量化专题图将根据灌区已知图层进行重新组织和分类,专题图包括行政区界、行政区面、交通路网、水利工程、要素服务、遥感影像、地势高程等,同时做好后续扩展的准备,专题图可根据后续各类项目的实际需求进行增加或完善。各类专题图通过重新组织和分类后形成切片文件、地图服务发布文档(按照各类专题图图层顺序组织的文档),同时专题图应包含地图内容的范围、切片等级、最大最小分辨率以及要素数据的地理数据库。

3) 地图服务发布

地图服务的发布充分利用省水利厅的地图服务建设成果,融合中型灌区的空间数据建设成果。省水利厅在"江苏省第一次水利普查"建设中,已经初步建立了水利地理信息数据库。水利地理信息数据库包括基础地理信息资源和水利地理信息资源两个部分。本项目地图服务发布要与已有资源充分结合,增加灌区的渠系、建筑物等要素,建立灌区一张图地理信息服务,为灌区管理一张图系统提供支撑。

4) GIS系统联调

地图完成矢量化工作之后,要通过专业工具完成与江苏省智慧大型灌区平台相关数据的对接工作,实现空间数据与管理数据的相互关联,将地图文件、地图服务、地图数据等空间数据建设成果与管理系统进行联调,将空间数据成果通过管理系统进行综合展现。联调时对关联内容进行规范化管理,关联内容包括水利工程建筑物、输水渠系、排水沟系、水系、灌溉面积、信息化等。

GIS系统联调后由灌区管理单位进行内容核实,技术支持单位要积极配合灌区,尽快完成修改内容,保障数据信息的及时性和准确性。

6.1.2 管理数据收集入库

管理数据收集入库建设,包括监测数据接入和业务数据接入两大部分。数据接入至2019年已建设的江苏省智慧大型灌区平台中,该平台已完成对全省34个大型灌区的用水管理、工程管理等全部业务的开发建设工作,通过中型灌区数据接入工程,扩大江苏省水利厅对全省灌区的管控,实现江苏省灌区应用系统的统一平台、统一格式、统一标准、统一接口、统一管理。

管理数据收集入库工作开展前由省水利厅组织264处灌区专题布置,明确灌区和技术支持单位的后续工作安排，说明收集内容、收集方式和时间节点。

1）监测数据接入

按照标准化、规范化的指导思想，以实现支持多厂家监测设备、大数据量同时上报、保证数据接收及时并稳定入库为目标，以消息中间件、多线程、Socket 监听等软件为手段，实现 264 处中型灌区监测数据的接入。

要实现灌区已建监测数据的接入，需要与灌区和监测设备的厂家进行多方沟通，由灌区管理单位组织协调，对于支持标准协议的主流设备进行直接接收，对于不满足标准协议的设备进行间接接收。

江苏省中型灌区监测数据接入将从项目启动、信息收集、数据对接、数据核实、试运行 5 个阶段全面实现管理数据的深度融合，如图 6－1 所示。

图 6-1　江苏省中型灌区监测数据融合

（1）项目启动阶段

主要为接入监测数据做好准备，确认项目组成员，通过开展全省中型灌区项目启动会，让灌区管理人员了解项目情况，便于灌区后续收集监测数据。

（2）信息收集阶段

由灌区管理单位牵头，江苏省中型灌区对已建内容进行收集和整理，同时与技术支持单位、监测设备厂家、施工单位进行会议讨论，选择与江苏省智慧大中型灌区平台对接的合理方式。

（3）数据对接阶段

技术支持单位做好江苏省智慧大中型灌区平台的对接工作，做好站点建立，基础信息的录入工作，施工单位根据商定的对接方式做好数据发送工作。灌区管理单位、施工单位、技术支持单位紧密配合，共同实现中型灌区监测数据的有效对接。

（4）数据核实阶段

技术支持单位协助灌区管理单位做好数据核实工作，确保上报信息的准确无误。

(5) 试运行阶段

技术支持单位负责观察数据对接情况,发现异常,积极主动联系灌区管理单位和信息化的施工单位,做好故障排除,确保监测数据对接安全、稳定运行。

2) 业务数据接入

包括灌区可视化集中展示数据接入、灌区管理一张图管理数据接入、灌区量测水管理数据接入、灌区水费计收管理数据接入、灌区配水调度管理数据接入、灌区工程管理数据接入、灌区水价改革情况管理数据接入、灌区项目建设情况管理数据接入、灌区排涝管理数据接入、灌区管理移动数据接入。技术支持单位要紧密配合,积极主动协助灌区完成此项工作,必要时由技术支持单位协助完成数据录入工作。

江苏省中型灌区业务数据的接入将从信息收集、数据录入、数据核实 3 个阶段全面实现管理数据收集入库工作。

(1) 信息收集阶段

由灌区管理单位收集灌区业务相关数据,将收集成果提交技术支持单位,技术支持单位需积极主动配合。

(2) 数据录入阶段

技术支持单位将收集的业务数据进行分类、整理和汇总,协助灌区管理单位完成数据录入工作。

(3) 数据核实阶段

灌区管理单位对录入内容进行复核,针对错误数据及时修改,确保业务数据录入的准确性。

6.1.3 需求调研

选取 60 处典型灌区,通过收集这些典型灌区的业务需求,整理分析整个江苏省中型灌区的个性化功能需求,后续在使用过程中再收集各灌区意见,逐步完善整个智慧灌区平台。

6.1.4 定制开发

软件定制开发是根据客户需求去开发软件功能。在开发过程中需要遵循软件工作规范,并能够在软件正常运行后提供常规维护和功能扩展开发。灌区的业务需求收集完成后，项目负责人根据业务需求进行软件功能设计，再由软件开发人员进行定制开发，一共包括 6 个阶段，如图 6-2 所示。

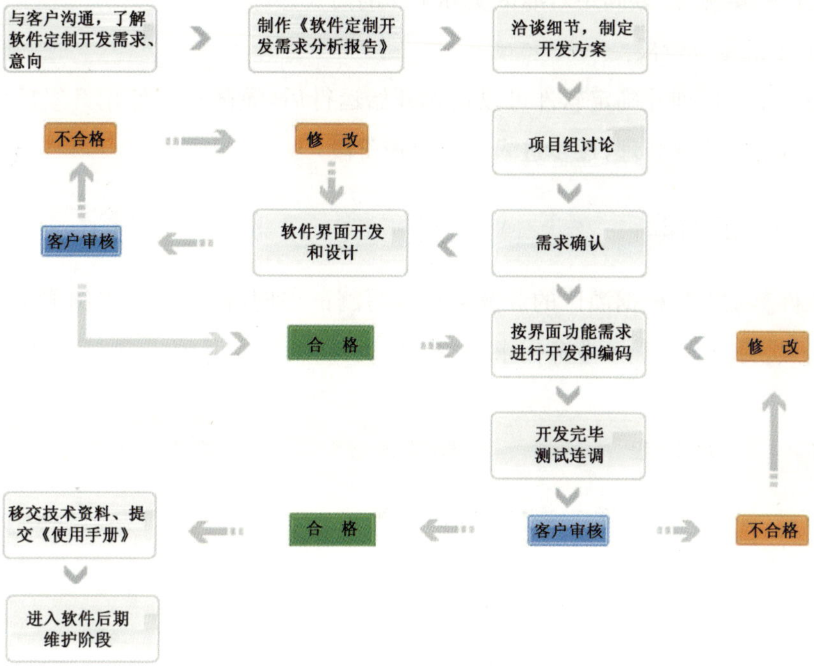

图 6-2 软件定制开发步骤

1）项目启动阶段

主要是为实施做好准备，确认项目组成员，同时开展全省中型灌区平台软件培训会议，让灌区管理人员了解项目情况，熟悉软件功能。

2）试运行阶段

各个模块及整个系统需要试运行一段时间，以确认软件能够在灌区管理工作中稳定运行，同时对试运行阶段中发现的问题进行收集整理。

3）调研分析阶段

对 60 处典型灌区进行个性化需求调研，以市为单位，调研人员与灌区人员针对灌区的实际工作进行深入讨论。根据灌区的具体情况和信息化管理的特点，确定各级用户工作流程，结合软件现有功能整理出灌区的个性化需求，规划设计解决方案，作为设计开发的基础。

4）系统开发阶段

项目组成员根据调研分析的结果，进行系统设计、编码、测试。

5）软件升级阶段

项目组成员将相关模块升级到平台软件中，与灌区人员进行需求确认，根据反馈意见进一步优化，以满足对灌区实际工作的需要。

6）正式运行阶段

进行系统培训并确定软件可以正式开始运行后，灌区正式使用升级后的软件平台进行灌区业务处理，逐步进入后期维护阶段。

6.1.5 功能测试

软件测试人员根据灌区的业务需求编写测试用例，根据测试用例测试软件各个功能点，提交满足灌区业务需求的功能模块，如图 6-3 所示。

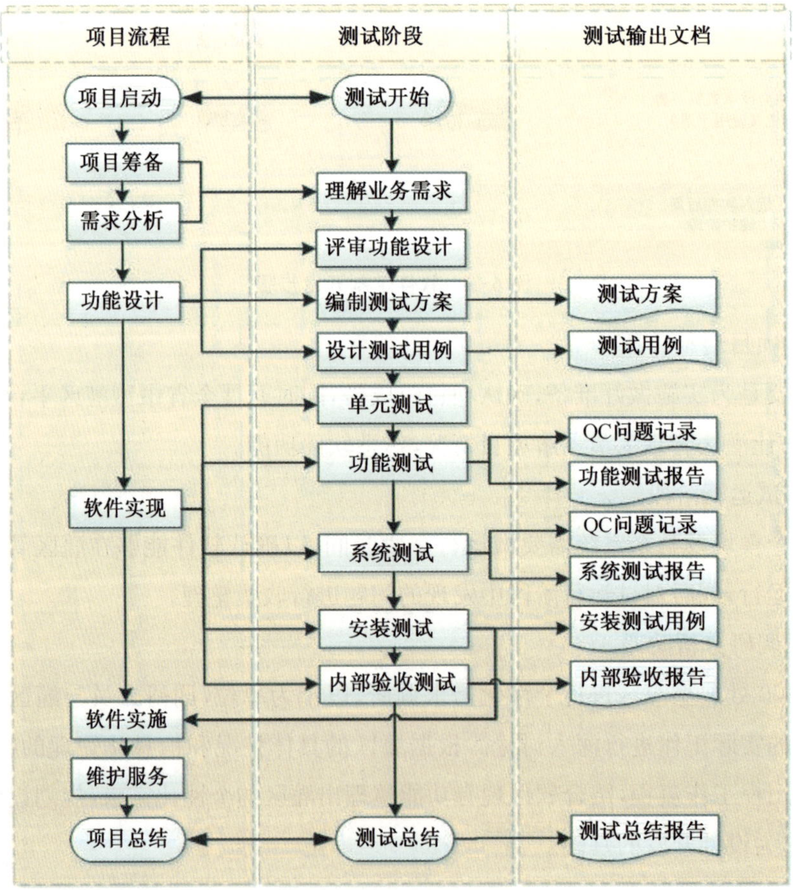

图 6-3　功能测试线路图

6.1.6 系统部署

将软件成果部署到软件平台服务器上，与灌区平台融为一体，为灌区业务管理提供功能应用。

6.1.7 试运行

通过一段时间的试运行，由灌区管理单位提出问题，软件开发人员修改调整，以满足灌区应用的需要。

6.1.8 运行维护

主要包括故障管理、性能管理和权限管理三部分。

(1) 故障管理：设置功能齐全的网络管理工具，提供实时故障监视和出错检测、线路切换、远程线路控制、线路重新定向、线路统计、网络配置等功能，完成故障监视、工作检测、故障诊断、故障纠正、故障分析、故障记录等，做到对故障迅速作出反应，为故障处理提供有效手段。

(2) 性能管理：利用必要的支持软件，帮助网络管理员收集计算机网络系统资源利用情况，提供全面的网络性能统计，帮助管理员规划、调整网络运行状态，保证网络以最佳状态运行。

(3) 权限管理：制定授权访问系统的技术方案，确定用户身份种类，数据的调用、查询、修改及存入、取出时，实行权限等级制度，非授权人员严禁进行有关操作。软件管理要定岗、定员，划分工作职能，确定各类管理人员，并注册管理。

6.2 工作计划

为了保证项目按期完成，需将工作内容进行细化，并设定各项工作的开始时间和结束时间，以及人员安排等。具体工作计划安排如下表：

2021 年 1 月至 2021 年 12 月，完成空间数据收集、管理数据收集、典型灌区业务需求调研及定制研发工作。

2022 年 1 月至 2022 年 12 月，进行平台试运行工作，做好试运行期间的技术支持工作。

2023 年 1 月至 2023 年 12 月,进行平台的运维管理工作。

6.3 实施进展

2019 年,结合江苏农村水利现代化建设现状和未来发展,建成了以“灌区管理一张图”为核心的“江苏省智慧大中型灌区平台”。2020 年,结合全省大中型灌区实际情况,开展智慧大中型灌区平台软件系统建设,将中型灌区纳入标准化管理体系。2021 年 1 月以来,江苏省智慧灌区信息化推进工作组系统谋划、精心组织,分别赴南京、徐州、南通、连云港、淮安、盐城、扬州、泰州、宿迁等 9 个设区市的大中型灌区所在县(市、区),通过座谈交流、现场调查、下发表格、培训讲解等方式,完成中型灌区空间数据和管理数据等基础信息的收集与录入工作。在省、市、县和灌区等各级灌区管理部门的积极配合下,各项工作进展顺利。

7

保障措施

7.1 组织保障

江苏省智慧大中型灌区平台软件项目信息化工作由省水利厅牵头，各级分管领导、灌区主管领导亲自负责，责任到人、分工明确、权限明确、建立管理体制，奖罚分明，各部门之间、各负责人加强督促和协调解决有关建设问题，切实加强对工程建设实施的领导。各有关部门明确部门人员或分管领导，明确至少1名工作人员负责日常事务处理，明确工作职责，建立完善实施情况信息反馈制度，及时协调解决相关问题。

7.1.1 管理制度

根据水利信息化工作的特点，参照行业有关管理规定，建立健全各项管理办法、技术规范、规章制度、培训机制，确保信息基础设施高效安全运行；制定运行管理办法，明确管理范围、内容及职责；建立检查制度，组织巡检；建立管理人员培训制度。

7.1.2 人员配备

为使系统安全、稳定、可靠地运行，配备具有相应专业知识的技术管理人员，具体人员配备如下：

主任1人，可由有关领导兼任，负责系统全面管理工作；

硬件技术人员1～2人，负责信息化系统硬件设备的运行、巡检、保养、维修以及运行日记编写等工作；

软件维护人员2～3人，负责计算机操作管理、系统运行监视、软件开发和应用的维护管理工作。

7.2 人员培训

为保证系统正常运行，必须加强人员培训。建设期间要求各级领导及管理部门的有关人员参与系统的规划、设计和实施，在了解信息化建设的目标、内容和功能的同时，树立起信息化管理的思想和观念，逐步接受并适应信息化管理的方法、技术和手段。系统调试及试运行期间应组织运行人员、维护人员和管理人员进行不同级别的培训,使之切实掌握信息化系统实用技术,发挥系统的最大效益。

7.2.1 人才培训

水利管理者既是信息化建设的组织者,也是信息化系统的使用者。要制订并完善信息化人才培养措施,逐步建立有效的人才激励机制,创建有利于各类人才发展的良好环境,逐步建立起一支掌握信息技术,能正确维护和熟练使用信息化系统的骨干队伍。要开展多层次的水利信息化技术培训,把技术管理培训、专业知识培训、生产应用培训以及经验交流、技术考察等有机结合,特别要重视信息化系统应用人才的培训工作。

各地水利局充分利用相关高校、工程承包商和系统开发单位的技术优势,把人才培训作为合同的重要内容,积极参与相关技术工作,在实践中提高自身素质。

7.2.2 技术培训

优先开展60处典型灌区管理人员的培训,逐步完成整个大中型灌区的管理人员培训工作。

培训流程包括:

(1) 集中培训:线上组织相关业务科室和管理站相关人员进行集中讲解式培训;

(2) 答疑解惑:通过线上集中培训后,培训人员会对各相关业务科室、管理站及时进行疑问解答,并收集对系统的优化意见;

(3) 数据收集:培训结束后,下发数据收集清单,各个灌区按清单要求收集相关资料数据,详细内容如下表7-1所示。

表 7-1 灌区数据收集清单

序号	名称	描述	负责科室/管理站所	负责人	提供状态
灌区基础资料					
1	灌区概况文字简介	整体介绍灌区基础情况			
2	灌区风采资料	包括风采照片、工作照片、建设照片、水生态水景观照片、360 全景照片、宣传视频等各类多媒体资料			
3	* 组织机构清单	灌区管理机构清单			
4	* 信息化参与人员清单	各业务科室/管理站所相关信息化软件使用人员清单、管理机构与人员			
5	灌区管理特征数据(12 张表)	历年灌区管理特征数据			
工程台账及管理资料					
6	水源工程基础资料	水库、河道等水利工程的管理单位、风采照片、工程属性、文字简介等资料			
7	* 输水渠系基础资料	渠道等输水工程的管理单位、风采照片、工程属性、文字简介、确权信息等资料			
8	排水沟系基础资料	沟道等排水工程的管理单位、风采照片、工程属性、文字简介、确权信息等资料			
9	* 渠系建筑物工程资料	水闸、泵站、沉沙池、桥梁等多类建筑物工程的管理单位、风采照片、工程属性、文字简介等资料			
用水管理基础资料					
10	人工观测站点信息	人工观测站基础信息、照片等资料			

续表

序号	名称	描述	负责科室/管理站所	负责人	提供状态
11	* 水位流量关系	观测站点的水位流量对应关系数据			
12	* 水位闸位流量关系	水闸等调配水工程的水位闸位流量对应关系			
13	闸门流量计算公式	闸门流量计算公式			
14	其他量水方式	计算公式、参数表、示例数据			
15	流量、水量计算方式	日平流、日水量的计算方式,示例数据			
16	* 水位库容关系	水库的水位、库容、库面积的对应关系数据			
17	水库输水洞水位开度流量关系	关系表			
18	溢洪道水位开度流量关系	关系表			
19	水库出、入库流量计算方式	计算公式、示例数据			
20	* 用水单位与供水渠道关系	给各用水单位供水的渠道/段的信息			
21	* 用水单位基础资料	用水单位的基础资料			
22	* 用水户基础资料	用水户的基础资料			
23	灌溉面积数据	最新的灌溉面积有效数据			
24	* 灌溉定额	定额数据			
25	* 水价	单方水价或单亩水价,包括超定额			
26	* 水费计算方式	计算公式,示例数据			

续表

序号	名称	描述	负责科室/管理站所	负责人	提供状态
信息化建设资料					
27	*自动观测站点信息	自动遥测站的站点基础信息、照片等资料			
28	实时视频监控连接信息	实时视频监控站点的连接信息			
29	*电子地图	灌区的地图资料、工程布置图、提供的文件格式包括以下几种:1. CAD 2. KMZ/KML 3. shp.			
日常管理数据					
30	巡检管理数据	本年巡检记录			
31	设备保养数据	本年设备保养记录			
32	观测数据记录	本年人工观测站点的监测记录 包括水位、流量、雨量、气象等各类监测数据			
33	需水计划	本年的需水计划			
34	配水计划	本年的配水计划			
35	调配水	灌区调配水流程			
36	调度指令及日志	本年的调度日志			
37	水费缴费记录	本年的水费收缴记录			
38	其他监测信息	墒情、气象、水质、闸控、视频			
39	防汛	防汛流程、相关报表,如有计算则提供计算方式及示例数据			

7.3 资金保障

依据《中共中央国务院关于深化投融资体制改革的意见》(中发〔2016〕18号)、《国务院关于创新重点领域投融资机制鼓励社会投资的指导意见》(国发〔2014〕60号)、《国家发展改革委财政部水利部关于鼓励和引导社会资本参与重大水利工程建设运营的实施意见》(发改农经〔2015〕448号)、《政府和社会资本合作建设重大水利工程操作指南(试行)》(发改农经〔2017〕2119号)等的精神,在积极争取中央、地方财政补助资金的同时,拓宽资金渠道。

资金配套到位后,建立专户专账管理,做到专款专用、制度健全、支付有据、账务清楚、效益突出、层层管理、各负其责,保证项目建设顺利实施。项目实施过程中,接受监察、审计等有关部门的监督和审计,严格实行跟踪管理。

后记

本书共有7个章节，具体编写分工为：全书的体例结构及统稿工作由叶健负责；前言、第1章由沈建强负责编写；第2章由刘子亭、刘文强负责编写；第3章由刘子亭、林波负责编写；第4章由林波、蒋伟负责编写；第5章由蒋伟、程宇负责编写；第6章由刘子亭、付春雷负责编写；第7章由刘敏昊、蒋伟负责编写。相关市县水利部门及科研院所参与了编写工作。